宁夏贺兰山东麓
优质酿酒葡萄栽培的土壤管理技术

王锐 孙权 著

中国农业科学技术出版社

图书在版编目（CIP）数据

　　宁夏贺兰山东麓优质酿酒葡萄栽培的土壤管理技术 / 王锐，
孙权著 . —北京：中国农业科学技术出版社，2020.1
　　ISBN 978-7-5116-3059-9

　　Ⅰ.①宁… Ⅱ.①王… ②孙… Ⅲ.①葡萄栽培－土壤
管理—宁夏 Ⅳ.① S663.106

　　中国版本图书馆 CIP 数据核字（2019）第 317485 号

责任编辑　李冠桥
责任校对　李向荣

出 版 者　中国农业科学技术出版社
　　　　　北京市中关村南大街 12 号　邮编：100081
电　　话　（010）82109705（编辑室）（010）82109702（发行部）
　　　　　（010）82109709（读者服务部）
传　　真　（010）82106625
网　　址　http://www.castp.cn
经 销 者　各地新华书店
印 刷 者　北京建宏印刷有限公司
开　　本　710mm×1 000mm　1 /16
印　　张　8.5
字　　数　167 千字
版　　次　2020 年 1 月第 1 版　2020 年 1 月第 1 次印刷
定　　价　40.00 元

资助项目

宁夏重点研发计划重大项目（2016BZ06，2018BBF02021）
国家科技改革与发展专项（106001000000150012）
现代农业产业技术体系建设专项资金项目（CARS-29-24）
国家"十二五"科技支撑计划项目（2013BAD09B02）
国家自然科学基金项目（31160417，31460552）
宁夏西部一流学科（园艺学）建设项目（GZXM2017001）

前　言

　　酿酒葡萄质量主要决定于葡萄品种及相应的生态条件。葡萄品种可以通过品种选育和引种而改变，是可变的，而某个地区的生态条件，是水、热、光、温等因素的综合表现，它们是相对稳定的。气候条件决定了葡萄原料的糖酸平衡性、风味和香味物质的充分程度，对葡萄酒的最终质量具有决定性作用，而土壤条件对葡萄酒品质也很重要，葡萄酒中的高雅、典型的特色是特殊土壤条件给予的。

　　众所周知，好葡萄酒是种出来的。气候、土壤等风土因素及栽培管理措施共同决定了酿酒葡萄的品质。目前贺兰山东麓优质酿酒葡萄的研究主要侧重于气候因子及人工栽培管理对酿酒葡萄生长及品质的研究，恰恰忽略了碱性石灰性土壤上特殊的土壤因子与优质酿酒葡萄品质形成的关系，尤其对贺兰山东麓优质酿酒葡萄主产区土壤物理、化学和微生物质量尚缺乏系统性研究。尽管贺兰山东麓早在2003年就列入国家原产地理保护，但关于众多土壤质量指标因子中究竟是哪一项或哪几项促成了贺兰山东麓葡萄与葡萄酒的独特辨识度尚未明确。

　　通过系统研究贺兰山东麓优质酿酒葡萄主产区土壤物理、化学和生物学性质，构建了贺兰山东麓土壤物理、化学和生物学质量综合评价体系，有效反映了贺兰山东麓酿酒葡萄园土壤质量优劣，充分反映出土壤质量与酿酒葡萄产量品质的紧密关系，有力促进了贺兰山东麓酿酒葡萄优势产区酿酒葡萄产业的可持续发展。

　　通过深入研究贺兰山东麓产区各土壤质量指标对酿酒葡萄生长及品质的影响，提出了贺兰山东麓施用有机肥是持续改良培肥酿酒葡萄园的最佳选择，追施氮磷钾肥对提高酿酒葡萄的产量和品质必不可少，施用中、微量营养元素对酿酒葡萄生长发育能够起到积极促进作用。通过有机培肥、合理施肥、节水灌溉、水肥一体化等途径对土壤质量进行定向培育，得出采用滴灌为主的节水灌溉技术是有效解决贺兰山东麓酿酒葡萄优势产区水资源不足的最重要手段，同时可以解决漏水漏肥问题及秋季灌溉与降水同步易产生病害等关键"瓶颈"问题。

　　宁夏回族自治区（全书简称宁夏）酿酒葡萄栽培经历了从农户到企业再到酒庄的转变，经营模式的不同，对土肥水管理等技术提出了多样化的要求；随着酿酒葡萄酒产业的升级换代，高端葡萄酒要求以质量取胜，对酿酒葡萄原料不再以产量为首要追求目标，从而对酿酒葡萄栽培的土肥水管理提出了更加严格的技术创新要求。尽管已经取得的诸多创新成果对产业体系的可持续发展能够提供较好的科技支撑，但随着经济、社会和技术的进步，还需要更加细致地不断取得新突破，为产业的提质增效提供更好的技术服务。

著　者
2018 年 1 月

目　录

第六章 贺兰山东麓土壤质量与酿酒葡萄生长及品质相关性分析

第七章 贺兰山东麓酿酒葡萄产区土壤质量综合评价指标体系

第一章 绪 论

第一节 研究背景

　　土壤是农业生产的重要基础，土壤质量的优劣程度决定着作物的长势和品质高低（蒋端生等，2008）。宁夏贺兰山东麓酿酒葡萄产区因其得天独厚的自然条件，在土地资源、灌溉条件、水热系数、温度、温差等方面优势突出，该地区酿酒葡萄成熟缓慢而充分，香气发育完全，色素形成良好，含糖量高，酸度适中，病虫害轻，被国内外专家确认为世界酿酒葡萄生长最佳生态区之一（孙权等，2008）。宁夏贺兰山东麓约有 $13.3 \times 10^4 hm^2$ 土地适宜发展葡萄种植，截至 2014 年年底，在国家葡萄酒地理标志产品保护区内葡萄栽培总面积达到 $3.9 \times 10^4 hm^2$，其中酿酒葡萄 $3.3 \times 10^4 hm^2$，年产量达 $12.0 \times 10^4 t$（Wang et al.，2015）。

　　2003 年贺兰山东麓葡萄产区获得国家地理标志产品保护，成为我国优质葡萄酒供应基地，其优势地位表现在多重领域。首先，在地理位置上，宁夏贺兰山东麓所处的北纬 37° 43′ ~39° 23′，东经 105° 45′ ~106° 47′恰好处于世界葡萄种植的"黄金"地带——北纬 30° ~40°，具备了与世界许多特色优质葡萄产区相似的地源条件。其次，在气候条件上，葡萄生长季节（4—10 月）大于 10℃的活动积温在 3 300℃以上，加上夜间温度低、积温有效性强的积温增效作用，具有发展早、中、晚熟酿酒葡萄品种的优越条件。尤其是 8 月葡萄转色期间，日均温度较高，昼夜温差大（10~15℃），有利于葡萄的糖分、色素物质充分累积；而9 月葡萄成熟期间温度不高，有利于葡萄浆果缓慢而充分成熟，葡萄中的香气和酚类物质能得到充分的积累，从而使糖酸、酚类物质平衡。在降水条件上，贺兰山东麓地处我国西部干旱、半干旱地带，多年平均降水量仅有 180mm，但便利的引黄灌溉条件和丰富的地下水资源，可以在生育期内及时灌溉。8—9 月葡萄成熟期间降水量少，水热系数 K 值（同期降水与积温的比值）为 0.58~0.83，远优于酿酒葡萄最适生态区指标（K＜1.5）的要求。葡萄成熟期间降水量少，不仅有利于葡萄品质的提高，同时也减少病虫害的发生，降低了葡萄病虫害防治的费用。大量调查数据表明，在水热系数、温度、湿度等方面，宁夏贺兰山东麓比法国的波尔多地区更胜一筹。而且，在这里种植葡萄病虫害轻，具有香气发育完全、色素形成良好、含糖量高、含酸量适中、产量高、品质优良的优势，是一个得天独厚的绿色食品基地。

土壤和气候是决定酿酒葡萄生长发育和葡萄酒品质的两大主要因素。世界著名葡萄酒产区澳大利亚的酿酒哲学是"感谢阳光、土壤与葡萄的恩赐"。关于气候因素对贺兰山东麓产区优质酿酒葡萄品质的影响研究较多，但影响该地区优质酿酒葡萄品质形成的关键土壤因子尚不明晰，在相同气候下土壤质量的区域变异对酿酒葡萄品种的选择和差异化栽培管理尤为重要。从土壤条件来看，贺兰山东麓酿酒葡萄产区土壤类型多样，以灰钙土和风沙土面积最大，该区域土壤条件优劣并存。优越性表现在土层较厚，富含钙、钾素，土壤通气透水性好；而劣势同样突出，表现在质地多为砂壤土和砾质砂土，过粗的土壤质地，丰富的砂石，过大的容重，较低的有机质含量（Wang et al.，2015），不稳定的土壤结构等问题导致该地区水肥损失严重，大量元素氮磷钾的养分供应不足，供肥及保肥能力相对也较差。土壤强碱性，pH 值一般在 8.4 以上，导致多种营养元素特别是微量金属元素的固定降低了养分有效性。大部分区域 30~50 cm 土层分布非常紧实的钙积层，严重影响了酿酒葡萄根系的下扎和空间分布，容易导致冬季冻害等问题。

然而，酿酒葡萄的神秘在于饱含鲜活生命原汁的醇香美酒由简单的水果升华到高尚生活元素，红酒混合了泥土的芳香才越显醇厚而悠远。国际经验表明，富饶的土壤上生长的葡萄产量高，但所含有机物和矿物质较少，酿酒品质一般；而贫瘠土壤葡萄产量低，但所含物质丰富，可酿造上等美酒。生长在恶劣土壤中的葡萄树根系扎得更深，土壤发生层越丰富，供给葡萄的营养就越充分，使葡萄的成分越复杂，酿造的酒越能凸显葡萄的风味多姿多彩。传统的葡萄种植行业中盛传"土壤越贫瘠，越是产好酒的地方"。适宜酿酒葡萄生长的土壤一般是白垩土、石灰石土、沙质土、砾石土等，它们表现为表层贫瘠，但通透性好，深层氮、磷、钾、铜、铁、镁、钙，以及微量元素高，极宜葡萄发育生长。

目前对贺兰山东麓酿酒葡萄主产区土壤质量因子的系统研究较为缺乏，尤其酿酒葡萄园土壤质量因子及权重与葡萄品质的优劣程度的研究尚有待深入探索。本研究旨在通过分析贺兰山东麓酿酒葡萄产区土壤质量特征，评价土壤质量因子与酿酒葡萄生长与品质之间的关系，继而找出影响该地酿酒葡萄生长发育及品质形成的主要土壤因子，用于优化调整酿酒葡萄品种布局、栽培管理和个性化酒庄分布，营造良好的葡萄与葡萄酒地域环境与文化氛围，促进酿酒葡萄产业的健康发展。

第二节 研究目的及意义

酿酒葡萄质量主要决定于葡萄品种及相应的生态条件,葡萄品种可以通过品种选育和引种而改变,是可变的,而某个地区的生态条件,是水、热、光、温等因素的综合表现,它是相对稳定的。气候条件决定了葡萄原料的糖酸平衡性、风味和香味物质的充分程度,对葡萄酒的最终质量具有决定性作用,而土壤条件对葡萄酒品质也很重要,葡萄酒中的高雅、典型的特色是特殊土壤条件给予的。

众所周知,好葡萄酒是种出来的。气候、土壤等风土因素及栽培管理措施共同决定了酿酒葡萄的品质。目前贺兰山东麓酿酒葡萄的研究主要侧重于气候因子及人工栽培管理对酿酒葡萄生长和品质的研究,恰恰忽略了碱性石灰性土壤上特殊的土壤因子与优质酿酒葡萄品质形成的关系,尤其对贺兰山东麓酿酒葡萄主产区土壤物理、化学和微生物质量尚缺乏系统性研究。尽管贺兰山东麓早在2003年就被列入国家原产地理保护,但关于众多土壤质量指标因子中究竟是哪一项或哪几项促成了贺兰山东麓葡萄与葡萄酒的独特辨识度尚未明确。因此本书选题有非常重要的理论意义与实际应用价值。

通过系统研究贺兰山东麓酿酒葡萄主产区土壤物理、化学和生物学性质,进一步深入研究贺兰山东麓酿酒葡萄产区各土壤质量指标对酿酒葡萄生长及品质的影响,进而对土壤质量进行定向培育,改善土壤结构,提高土壤养分,丰富土壤微生物群落结构,改善酿酒葡萄生长环境,提升酿酒葡萄品质,进而提升葡萄酒的内在品质,必将有力推动贺兰山东麓酿酒葡萄产业的可持续发展。

第三节 国内外研究进展

土壤作为重要的自然资源可以为人类生产食物和纤维,并维持地球生态系统的健康。土壤也是植物生长的媒介,是水、热和化合物的源。土壤与水、气和植物之间的互作调节很多控制水汽质量和促进植物生长的生态过程。酿酒葡萄的栽培过程对土壤产生强烈的扰动,土壤质量的演替方向将决定葡萄产业的可持续性。

土壤质量指土壤在生态系统界面内维持生产,保障环境质量,促进动物和人类健康行为的能力(Doran and Parkin,1994)。土壤质量概念的引入有助于我们更全面地理解土壤,也利于合理地使用和分配劳力、能源、资金和其他投入。土壤质量也提供了一个通用的概念使得专业人员、生产者和公众明白土壤的重要性。此外，它也是一个评价管理措施和土地利用变化对土壤影响的重要工具。土壤质量由土壤的物理、化学和生物性质组成。土壤的物理质量主要由土层深度、质地、结构、孔隙性状、持水能力等构成，土壤的化学质量从有机质、氮磷钾、pH 值、全盐等反映，而土壤的生物学质量则表现在细菌真菌放线菌的数量组成、微生物生物量、呼吸强度、酶活性、土壤动物等各个方面。土壤质量评价初期主要集中在土壤的物理和化学性质。但是，土壤物理化学性质作为土壤质量指标有时不能评价土壤管理和土地利用的影响。从而土壤质量评价的生物学指标越来越受到重视。

一、土壤物理性质与葡萄的关系

土壤是仅次于气候对果实品质起重要作用的自然生态因子，与葡萄生长发育及品质相关的土壤因子主要有土壤类型、结构、温度、酸碱度、水分、营养状况等（翟衡等，2001；金建良，1999）。土壤的质地、结构、土层深度、孔隙状况、土温以及土壤水分等因子都会直接或间接影响果树根系生长及吸收功能（Kutilek et al.，2006；杜章留等，2011）。

土壤类型是酿酒葡萄区划中重要的指标之一。酿酒葡萄最适宜的土壤质地类型为砂砾土和砂壤土，砾质土上生产的葡萄酿造的酒质量最好（李华，1987；翟衡，1994）。良好的气候条件可以使葡萄生长健壮，完全成熟，使葡萄有较高的糖和协调的糖酸比，发酵后达到酒精和酸味的协调，酒体完整，但高档名贵的葡萄酒所具有的细腻度、特殊的香味、高雅的风格，并非气候给予，而是全部来自土壤。石灰岩土壤上生长的葡萄酿造的葡萄酒具有特别的协调和芬芳；生长在含有较多腐殖质和磷酸盐的棕色土壤可以酿造优质的香槟酒和佐餐酒；生长在贫瘠的山地葡萄由于吸收了土壤中较多的矿物质，增加了葡萄的糖度和风味，使葡萄酒具有很好的结构和力度。

葡萄对土壤质地的要求不严，但栽培葡萄应避免四种土壤质地类型：黏重的土壤、浅薄土层的土壤、排水不良的土壤及含有高浓度盐分的土壤。

1. 土壤容重及孔隙度与葡萄关系

土壤孔隙度和土壤固体数量决定了土壤容重，其大小的数量取决于矿物成分、质地、结构和固体颗粒密度以及其他因素（Lark et al.，2014）。土壤容重和孔隙度可以全面反映土壤的疏松程度、土壤通气能力和水分的保持能力，随着土壤矿物的增加、土壤容重也会随之增加，压实的土壤容重偏高，多孔疏松的土壤容重很小。一般土壤容重在 1.0~1.8 g·cm^{-3}，当容重大于 1.6 g·cm^{-3} 时，将严重阻碍葡萄根系的生长（Al-Asadi et al.，2014；乌云，2008）。在高肥力水平条件下，决定作物生长发育和产量的主要因素是土壤氧气状况，而不是土壤养分的多少，土壤容重小，氧气扩散快、供给足，根密度和根重明显增加，根系发达，根活力提高，地上部光合面积增大，产量增加 9.3% 以上（Costa et al.，2014；王忠孝，1999；梁宗锁等，2000）。当土壤容重大于 1.5 g·cm^{-3} 时，根系生长受阻，并严重限制了地上部干物质的积累（Pires et al.，2014；郭俊伟，1996）。土壤容重过大，土壤的供氮能力显著下降，植株对氮素养分的吸收量减少，从而延迟氮素养分由营养器官向生殖器官的转运（郭智芬等，1989），土壤养分供应并不是作物早衰的决定因素，而是由于耕作层容重过大导致植株养分吸收下降（Yu et al.，2014；庄恒扬等，1999）。

土壤容重影响土壤孔隙状况的同时改变了土壤持水能力、水分入渗规律和养分运移特征，也会引起土壤的导水特性变化（Hosseini et al.，2014；邵明安，2007；李志明等，2009）。孔隙度越小，土壤则越紧实，缺少团粒结构后，蓄水、透水、通气性能均会受影响，反之则土壤疏松多孔，结构性能好（Haling et al.，2014；吕春花，2006；李志洪等，2000）。一般表层土壤总孔隙度在 50%~60%，通气孔隙度在 15%~20%（Beraldo et al.，2014），这样有利于土壤空气交换、水分的再分布、酿酒葡萄的出土和埋土，20~40 cm 的土壤总孔隙度在 50% 左右，通气孔隙度约为 10% 的土壤孔隙有利于促进土壤水分的保持和葡萄根系的根系深扎。适当的土壤孔隙分布对改善土壤—作物—水之间的关系，提高水分利用效率起着非常重要的作用（Han et al.，2014；Kutílek et al.，2006）。

2. 土壤团聚体数量与葡萄关系

土壤的稳定性团聚体是评价土壤结构优劣的重要指标，其组成及基本特性决定了土壤板结程度和土壤结构好坏，同时也是评价土壤质量和作物生长优劣程度的关键指标之一（Mishra et al.，2014），直径＞0.25 mm 的土壤团聚体数量所占的比例越高，其稳定性则越强，结构也越好。果园直径为 0.25~10 mm 的团聚体是各种理化性质共同作用的结果（孙蕾，2010），土壤团聚体数量会随着种植年限的增加而减少（Jaksik et al.，2014；祁迎春等，2011），而直径为 0.25~0.5 mm，且含量在 113~261 g·kg^{-1} 的水稳性团聚体为果园的优势水稳性团聚体（Cheng et al.，2015）。随着定植年限的增加＞0.25 mm 的水稳性土壤团聚体明显增加，而＜0.25 mm 团聚体则随之减少，果树长期种植不利于＞5 mm 水稳性团粒的稳定。砂质土壤上，改善土壤团聚体数量能显著促进葡萄根系的发育并增加水分保持能力和土壤微生物多样性。

3. 土壤水分特征与葡萄关系

土壤水分是土壤持水能力的综合反映，土壤含水量影响作物根系生长的同时也影响着矿质营养在根系表面的运移速率和距离，继而影响根系对矿质营养的吸收，由此决定根系的水平分布和垂直分布距离，继而影响土壤中有效养分的利用率（Zucco et al.，2014；杨文治等，1998）。葡萄浆果糖度依赖于果实成熟期的土壤湿度，土壤持水性和水分有效性对酿酒葡萄生长具有直接影响（Lebon et al.，2006），继而间接影响酿酒葡萄的产量和品质。土壤含水量为田间持水量的60%~70%时，土壤空气和土壤水分均利于植物根系和地上部分的生长；若含水率超过80%，土壤通气状况受到影响，地温降低，不利于植物根系生长及对水分和养分的吸收；如果土壤水分降到田间持水量的35%以下，新梢及葡萄营养生长会受到抑制，当酿酒葡萄园土壤含水量相当于田间持水量的45%时需要及时灌溉（王锐等，2013）。

干旱区酿酒葡萄的净光合速率和蒸腾速率随着土壤水分的增加而增加，当水分亏缺时，净光合速率和蒸腾速率也会随之明显小幅下降，但水分利用效率随之显著提升。通过对比干旱和湿润条件下酿酒葡萄叶片光合特征曲线发现，酿酒葡萄叶片光合特性差异明显，其净光合速率和蒸腾速率随着土壤含水量的增加而增加，反之则迅速下降，但水分利用效率明显提升。适度的干旱条件有利于酿酒葡萄水分利用效率的显著提升（严巧娣等，2005）。在葡萄成熟期间，如果水分过多，将会延迟葡萄果实成熟，降低品质，并影响枝蔓成熟（王恒振，2011）。

4. 土壤质地与葡萄关系

土壤质地通常用土壤机械组成表示，是指土壤矿物中不同颗粒的直径大小以及各粒径所占比例的高低，它能够直接反映土壤砂黏性的程度，与植物生长所需环境条件和营养供应关系非常密切（Baveye et al.，2014）。葡萄酒的细腻优雅以及特殊的芳香物质很大程度上取决于酿造原料种植的土壤条件，不同的土壤条件赋予了葡萄酒不同的特色和品质（Błońska et al.，2014；张晓煜等，2008）。砂质土及砂壤土的通透性强，夏季辐射强度高，土壤昼夜温差大，十分有利于促进葡萄叶片光合速率的加强和果实糖度的增加以及风味物质的累积等，砂质土上酿酒葡萄根系长，密度低；壤土保水保肥能力较强，有利于促进葡萄根系生长（Inbar et al.，2014；吉艳芝等，2008）；黏土的渗透性较低，营养物质的分解和吸收速度均较缓慢，土壤质地过黏，土壤根系伸展困难，有效孔隙比例较低，易导致葡萄根系中毒甚至窒息，抑制葡萄地上部分的生长发育，继而影响产量和品质（徐淑伟等，2009）。法国香槟地区的白垩土持水能力强却不淹水，独特的白垩土壤质地与世界一流香槟酒品质的关系是密不可分的（Oz Clarke，2002）；西班牙雷茨附近微白色钙质土壤上栽培的巴洛米诺葡萄则能酿造出色泽金黄、具有新鲜苹果和杏仁香气的著名谐丽酒；德国摩泽尔地区板岩风化而成的肥沃土壤上栽培的雷司令葡萄酿造的干白葡萄酒清爽甘甜，含有浓郁果香；澳大利亚罗克斯班产区的大量优质酿酒葡萄则普遍定植在向阳坡红棕色的石灰岩土上；美国加利福尼亚州 Napa 酒庄葡萄园在富含碎石、石灰岩、火山石或鹅卵石的土壤上所产酿酒葡萄酿造出来的葡萄酒各具风味（祝尚东等，1997）。

二、土壤化学性质与葡萄的关系

土壤的化学性质能够直接影响土壤内部能量交换能力和物质循环效率，同时还能协调葡萄的生长能力。

1. 土壤有机质与葡萄关系

土壤有机质作为土壤肥力的基础物质组成，其富含各类植物生长过程中所必需的大量、中量和微量元素，同时有机质也影响着土壤的物理性质、化学性质和生物学特征（Jeanneau et al.，2015），通过补充土壤有机质能提高土壤中的酶活性，同时能促进土壤中的有机态氮的矿化速率和效率，继而增加土壤养分含量和有效性，促进树体营养吸收，增加产量，改善果实品质（Cong et al.，2015）。在众多土壤属性指标中，土壤有机质直接或间接影响各类土壤质量性质和土壤成土过程，诸如土壤的肥力、土壤水分固持能力和土壤空气和热量的传导性能等，被认为是评价土壤质量的核心指标（Carter et al.，2002；Reynolds，2002）。土壤中许多特别重要的氮、磷等矿质元素均来自土壤有机质，因此有机质不仅能够满足丰富而全面的养分供给，还能改善土壤的结构，调节土壤水分变化，供应和协调作物与水分、养分、空气等环境的关系，同时有机质还能强烈影响土壤水分渗透性、保水性和养分矿化及循环的能力。一般葡萄产量与土壤有机质含量呈现显著相关性，在有机质匮乏地区，补充有机质不仅能培肥地力，实现持续稳定高产，还能极大地改善果实的外观和内在品质（王留好等，2007）。由于土壤的胶体特性可以吸附更多的离子，因此可以改善土壤物理性质，从而使土壤水稳性团聚体数量增加，土壤自我净化的缓冲能力增加，同时还可使土壤保持疏松。有机质在土壤微生物的碳源和能量的供应上也发挥着不可忽视的作用，因此在评价土壤肥力高低的同时，土壤有机质含量通常作为一个最重要的养分衡量指标。

2. 土壤 pH 值及盐分与葡萄关系

土壤的 pH 值是一个重要的土壤特性，是影响土壤肥力的重要因素之一，土壤中营养元素的存在形态、植物吸收的有效程度、土壤微生物的组成和活动，以及有机物合成和分解均受 pH 值的影响（Heggelund et al.，2014；娄春荣等，2005）。土壤 pH 值在影响土壤中矿质营养成分有效性的同时也会对葡萄的生长产生显著影响，过酸（pH ≤ 4）的土壤，对果树的生长明显不利，在碱性土壤（pH ≥ 8.3）上植株新梢会有黄叶病的发病迹象。因此过酸或过碱的土壤在定植葡萄前必须经过一定措施的改良，诸如有机培肥、开沟定植、施用生理酸性肥料等措施。在贺兰山东麓碱性石灰性土壤上，土壤 pH 值过高，有效铁和有效磷等营养物质的钝化对葡萄养分的吸收也会带来一定的困难（López et al., 2015；孙权等，2007）。佳美、西拉、雷司令、歌海娜、白诗南等偏好由花岗岩、页岩或火山灰化土形成的微酸性土壤，这些品种在微酸性土壤上适宜酿制耐贮型陈酿酒，表现出酒体丰满醇厚，酒香、果香充足，富于典型性，而栽培于钙质土或中性砂壤土上的葡萄，其酒的耐贮性降低，酒质清爽富于果香，适宜做鲜酒速销。

酿酒葡萄最适宜生长在 pH 值范围为 6.0~8.0 的微酸弱碱性土壤上，过酸的土壤上一般钙、镁、钼和磷普遍缺乏，容易造成枝条徒长和果实着色缓慢等问题，而且葡萄果粒水分含量偏高，酸度升高，糖度降低，葡萄硬度和脆度降低，容易导致葡萄糖酸比过低，东部酸性土壤产区葡萄园通过施用生石灰改良的方式来调节土壤 pH 值（Waalewijn et al., 2014；魏勇等，2003），西部石灰性土壤产区 pH 值较高的盐碱地葡萄园土壤通常富含大量氯离子，碳酸根离子和硫酸根离子，在该环境下葡萄容易引发缺铁、缺镁等症状，部分高盐碱的土壤还会导致盐胁迫，继而影响葡萄的正常生长，降低葡萄糖含量，并在葡萄的表皮上会留下棕褐色斑点。生产中通过合理施用生理酸性肥料和开沟定植的方式调节酿酒葡萄根区土壤 pH 值（吉艳芝等，2008）。

3. 土壤矿质营养元素与葡萄关系

法国等一些欧洲国家的专家认为土壤矿质因子与酿酒品种的某些优良品质关系十分密切。葡萄园的土壤肥力水平直接影响树体的营养生长和后期发育，对葡萄果实产量和各类品质均有较大影响。宁夏贺兰山东麓土壤全氮含量非常低，基本处于全国土壤肥力评价最低级别的六级水平以下，矿化供氮能力非常低，氮矿化量平均只占全氮的 3.1%，除 K、Ca 较丰富之外，N、P、Cu、Fe、Zn、B 都呈缺乏状态，造成酿酒葡萄对某些营养元素的吸收障碍（孙权等，2009；王探魁，2011）。土壤中营养元素的丰富程度和含量高低对酿酒葡萄产量和品质具有明显的影响，高产葡萄园土壤中的碱解氮、有效磷、速效钾和水溶性钙和水溶性镁含量是低产葡萄园的 2 倍以上（刘昌岭等，2006；范海荣，2010）。河北怀来褐土上每形成 1 000 kg 赤霞珠需从土壤中获取 N 5.95 kg、P_2O_5 3.95 kg 和 K_2O 7.68 kg（侍朋宝等，2009），而贺兰山东麓钙积正常干旱土上每生产 1 000 kg 赤霞珠需从土壤中吸收 N 4~16 kg、P_2O_5 5~10 kg、K_2O 10~15 kg（王静芳等，2007），很显然，碱性、砂质土壤上满足同等产量需要补充更多营养。

土壤供氮不足会显著抑制葡萄的生长发育，增施氮肥不仅可以增加葡萄叶面积，提高叶片光合效率和干物质累积量，还可以提高葡萄坐果率，增加产量及单粒重（DeJong T M, 1989；Nasto et al., 2014）。在适量的氮素供应下，果树叶面积较大、叶片肥厚、叶绿素含量高、光合产物积累更多、根的生长和养分吸收能力增强（Ghimire et al., 2014）。随着根系的数量的增加，进入植物体内的光合产物累积量也随之增加，加速植物体内氨基酸的形成和运输促进树体的健康快速生长和开花结果（Yang et al., 2015；路克国等，2003）。

果树生长受土壤磷素的供应状况影响较大（Cederlund et al., 2014；刘利花等，2008），土壤有效磷可以调节土壤对氮素的吸收能力（Crews et al., 2014），促进植株花芽分化、果实发育，提高作物的产量和品质，同时能提高吸收根的吸收能力，促进代谢根的快速生长和发育，继而提高作物的抗寒和抗旱性（Maltais et al., 2014）。磷素在果实成熟前期通过促进植株根系及枝叶的碳水化合物向浆果的转运及合成能显著改善葡萄品质，但土壤磷素含量过高会影响果树的生长同时降低果实品质（Mau et al., 2014；陆景陵，2003）。

在碳水化合物的合成、运转和转化等过程中，钾素起着至关重要的作用（Zhao et al., 2014），在果实膨大期，钾素能够促进葡萄的快速膨大和成熟，同时能增加果皮硬度，提高耐贮性和品质；钾素还能提高葡萄的耐寒、耐旱、耐高温和抗病虫害的能力，因此葡萄在整个生育期对钾肥需求量均较大，尤其是在果实成熟过程中的需求量最大（Sharma et al., 2014）。钾对葡萄的生长发育有着重要的作用，它能促进光合作用，促进碳水化合物的代谢，促进氮素代谢，使葡萄经济有效地利用水分和提高葡萄的抗性（李军等，2014）。酿酒葡萄对钾的需求与浆果的生长发育关系最为密切，萌芽期至果实膨大期，各器官中的钾积累量均有所升高，浆果开始成熟到采收前钾的需求量急剧增加，在果实成熟至葡萄落叶期内，钾素的积累量显著增加，尤其以叶片及当年生枝条内的含量上升最快（张明霞，2008；贾明波等，2014）。

贺兰山东麓酿酒葡萄主产区土壤钙含量丰富，钙质土壤上小白玫瑰品种在光照充足的条件下可获得较高的糖度和浓郁、细腻的芳香，酿成优质天然甜酒。品丽珠也是喜钙质土的品种，在钙质土上其酒质柔和，果香突出，而在微酸性土壤上风味趋淡，缺乏典型性，类似喜钙品种还有霞多丽、黑彼诺、灰彼诺、亚历山大玫瑰等。

贺兰山东麓酿酒葡萄主产区土壤微量元素除铁和铜含量较高外，其他5种含量均偏低，有的甚至低于果树生长所需的临界值，不利于优质酿酒葡萄的生长；土壤的高 pH 值特征也是造成微量元素营养缺乏的重要诱因（Pardo et al., 2014；孙权等，2008），贺兰山东麓酿酒葡萄园土壤微量元素全量含量为铁＞锰＞锌＞铜，锰的含量相对较高，但仅为 210 mg·kg^{-1}，不到中国土壤平均值的 1/3。土壤有效态铁、铜、锌含量同样远远低于全国平均水平，甚至低于丰缺的临界水平（施明等，2013；孙权等，2008）。葡萄缺铁症在北方石灰性土壤常有发生，铜、硼、锌、锰、钼等都呈缺素状态（Kloss et al., 2014；陈卫平等，2005），石灰性土壤上葡萄缺铁会影响葡萄的产量和品质（Evangelou et al., 2014；徐淑伟等，

2009)。

三、土壤生物学特征与葡萄的关系

土壤微生物是土壤中最活跃的一个重要组成部分，能够适应地球上的各类的土壤环境，诸如土壤的类型、作物品种、土壤 pH 值、有机质含量、土壤水分等（张强等，2011）。

1. 土壤微生物数量与葡萄关系

土壤微生物不仅参与了土壤有机质的矿化和累积，而且在土壤养分的有效性、养分循环能力和作物的生长上发挥着重要的作用（Coats et al., 2014；李延茂等，2004）。三大土壤微生物种群数量和其生态功能息息相关，随着土壤质量的下降，微生物数量也会随着土壤深度的增加而减少，真菌数量的减少幅度显著高于细菌。土壤 pH 值对微生物数量的影响较为明显，真菌数量在酸性土壤中占主导地位，在中性或碱性土壤放线菌和细菌数量相对较多（Thébault et al., 2014；龙健等，2003）。土壤微生物量与土壤养分之间显著相关，包括细菌、固氮菌数量与土壤有机质、全氮、碱解氮、全磷、速效磷含量均呈现显著正相关（孙瑞莲等，2004）。

2. 土壤微生物多样性与葡萄关系

生态因子能够直接影响土壤微生物群落多样性，从全球性土壤微生物群落多样性格局来看，土壤微生物群落结构与植被类型多样性一般呈正相关，草原和森林以及荒地等受人为扰动较小的土壤微生物群落多样性和功能多样性相对较高，而人工林地及农田等人为干预较多的土壤生物群落多样性普遍较低（郑华等，2004）。土壤微生物总量和主要生理类群数量随着种植年限的增加而显著下降（杨玉盛等，1999），土地利用方式的改变也可以显著影响微生物群落多样性和功能多样性（姚槐应，2003）。土壤微生物活动有利于土壤养分更高效的矿化，形成一个良性循环，但在很长一段时间内，化肥的大量使用和有机肥用量的减少使土壤微生物群落结构趋于简单化（徐秋芳等，2007）。

3. 土壤微生物量碳、氮、磷与葡萄关系

土壤微生物量碳、氮、磷能显著促进土壤速效养分的释放和转化，加快有毒有害物质的降解速度和转化能力，虽然在土壤中所占的比重非常小，但其对土壤生态健康和养分循环所起到的作用不可忽视，常被称为是表征土壤微生物活性的指标和土壤活性养分的储存库（Turner et al., 2014；秦华，2010）。

影响土壤微生物碳氮磷的因素很多，土壤类型、耕作方式、季节变化、降水因素、植被类型、土地利用方式均会不同程度影响土壤中的微生物量碳、氮、磷的敏感变化。研究表明，林地高于农田、农田高于人工草地、阔叶林地高于针叶

林地、集约经营林地低于天然人工林（Fisk et al.，2015；姜培坤，2005；张成娥等，1998；汪文霞等，2006；徐秋芳等，2007），栽培年限越长，土壤微生物量碳、氮、磷含量越低，反之越高（徐秋芳等，2007）；土壤温度、水分及季节的动态变化与土壤微生物量碳、氮、磷的动态变化呈显著相关性（毛青兵，2003），夏季微生物量碳和氮显著大于冬季，而春季和秋季则处于冬夏两季之间（陈国潮，1999），但也有人得出相反的结论，认为在贵州喀斯特地区土壤微生物量碳含量变化为冬季大于夏季大于秋季和春季（朴河春等，2000）；也有学者结合作物生长来分析发现，土壤微生物量碳在作物生长淡季含量低，而在作物长旺盛季节含量高（王国兵等，2006）。除了季节影响外，水分对微生物碳氮磷的影响也十分显著，作物在水分保证的条件下需不断吸收土壤中的养分，继而限制和削弱了土壤微生物对养分的吸收利用，因此在降水量较低的干旱季节土壤微生物量碳氮磷含量显著高于降水量较高的生长季节（Barbhuiya et al.，2004），由此可见，土壤微生物量碳氮磷对养分的需求与植物生长对养分的需求具有竞争性和同步性。

4. 土壤酶活性与葡萄关系

土壤酶活性是土壤环境的一个重要组成部分，在土壤物质循环和能量运动中起着十分关键的作用，并被视为探测土壤微环境的敏感指标（王兵，2010）。土壤酶容易受气候变化、耕作制度、土壤管理等因素的影响，由于其对环境变化较为敏感，可以用土壤酶活性的变异特征来监测和反映土壤的理化性质（Bowles et al.，2014），调控过氧化氢酶、磷酸酶、蔗糖酶及脲酶等的代谢循环，同时还能控制微生物能量形成过程中有机组分的氧化及电子传递（Bastida et al.，2008）。随着土壤质量恶化导致的土壤健康程度降低会明显降低土壤微生物数量和酶活性（Giacometti et al.，2014；Elhottova et al.，2002），通过改善土壤环境诸如有机培肥能显著提高土壤的各类酶活性，继而提高土壤质量（Garcia-Ruiz et al.，2008；Liu et al.，2010；Moeskops et al.，2012）。微生物量碳与土壤酶活性指标能准确的反映土壤质量对农田管理措施变更的响应（Raiesi，2014）。

四、土壤质量与酿酒葡萄生长及品质间的关系

土壤是农业生产和树木生长的基础，果园土壤理化性质及营养水平影响着树木生长和果实品质。土壤养分的高低直接影响植物的生长，对于果实品质的影响力是仅次于气候因素所发挥重要作用的自然生态因子（Németh et al.，2014；侍朋宝等，2009）。酿酒葡萄果实的可溶性固形物、总糖、还原糖、总酸、可滴定酸、糖酸比、浆果 pH 值、酚类物质、单宁、花色苷等含量高低及其平衡关系决定了酿酒葡萄原料质量的高低，而酿酒葡萄原料品质的高低决定了其加工产品葡

萄酒的品质和价值高低（刘玉兰等，2006）。

同一气候条件下，土壤物理性质对酿酒葡萄的影响较大，葡萄最适宜生长在质地较粗的砂砾土、砂壤土、砾质砂土上，可有效地提高酿酒葡萄叶片的光合作用，明显促进浆果糖分、单宁、色素及其他风味物质的累积，因此能产出最优质的酿酒葡萄原料，并酿造出高质量的葡萄酒（Smart et al.，2014；李文超等，2012）。

土壤肥力高低不仅影响土壤养分和植物独立吸收的能力，而且决定了各因子间的协调程度。酿酒葡萄营养生长和生殖生长期营养元素缺乏或养分供给比例失调会导致葡萄生长和生理代谢障碍（陈卫平等，2005）。葡萄园土壤中大量元素含量的高低及其利用效率直接影响酿酒葡萄生长及品质（Wang et al.，2015；张磊等，2008；栾丽英等，2009），葡萄酒的品质主要取决于酿酒葡萄原料的品质的高低，葡萄品质的高低受品种、栽培方式、生态气候条件、土壤条件等综合因子所影响。充足的养分和丰富的土壤生物群落多样性为酿酒葡萄营养生长和生殖生长提供了基础保障。土壤类型、土壤质地、土层厚度、土壤有机质、土壤水分等因素直接影响葡萄根系的生长和地上部分的发育（Ruth et al.，2007），在相同的环境条件下，通透性强和温差大的土壤上酿酒葡萄叶片光合速率快，果实糖度、色泽和风味等较高（Xu et al.，2009；李文超等，2012），土壤肥力和土壤微生物对酿酒葡萄糖度、单宁也有一定影响（Go′mez-Mıguez et al.，2007），富含钾和钙的土壤可促进浆果糖分的积累、香气物质和花青素的合成（Jiang and Zhang，2012）。几乎所有的因素诸如气候因素、冠层、土壤类型和土壤水分等均在不同程度上影响酚类化合物在葡萄浆果中的积累（Ruth et al.，2007；Kennedy et al.，2002；Yokotsuka，1999）。

五、土壤质量评价

1. 土壤质量评价指标

土壤是一个庞大而复杂的系统，土壤质量不仅包括其基本理化性质及微生物特性，同时还受到诸如地形、地貌、降水、土地利用方式、地理位置、生态类型、耕作管理措施等综合因素的影响，因此，评价指标的选择，不能仅仅局限于土壤质量本身的内在因子，还需要结合不同环境和人为耕作要求等作为共同的评价指标（刘占锋等，2006）。

在土壤质量基本定量指标体系中，土壤物理指标相对稳定，通常包括土壤机械组成、土壤团粒结构、土壤孔隙度、土壤结构、土壤容重、土壤紧实度、土壤温度、土壤田间持水量和饱和含水量等，通常这类指标主要影响土壤水分及通透性，继而影响作物根系的生长发育。土壤化学指标主要包括 pH 值、全盐、CEC、有机质、各形态的大量元素、中量元素和微量元素（张学雷等，2001），土壤微生物区系组成、土壤呼吸量、微生物生物量碳氮磷、土壤微生物多样性、土壤酶活性等则构成了土壤微生物主要指标（孙波，1997）。由于有机质影响着土壤的紧实度与持水特性，同时对提供营养来源、提高生物活性对土壤质量和作物能产生影响，是土壤质量的中心指标，甚至是衡量土壤质量的唯一重要指标（Carter et al.，2002），因此在墨西哥丘陵地区不同耕作模式下小麦和玉米地的土壤质量研究上也将有机碳、氮、钾和锌作为最小数量集的成分（Govaerts，2006），通过选取 pH 值、有机碳、阳离子交换量、有效磷和交换性钾作为 MDS 的成分也能完成农田的演化评估。

土壤微生物特性对土壤质量变化的反应比土壤理化属性更为灵敏，能够迅速反映出土壤及其他环境因子变化对土壤质量带来的影响（Aziz et al.，2013；Brye，2003），土壤微生物量碳通常被认为是表征土壤微生物活性的重要指标（Yang et al.，2009）。土壤微生物量碳的变化比总有机碳对土壤质量变化更为敏感，是比土壤有机碳更有用的土壤质量评价指标（徐建明等，2010）。土壤微生物量碳氮比能准确指示土壤的环境质量和健康指数，可以作为重要的土壤微生物评价指标，通过 PLFA 技术研究发现，土壤微生物种群也能灵敏地反映土壤质量的动态变化（Hofman et al.，2003）。

2. 土壤质量评价方法

土壤质量评价就是对土壤质量综合指标或某一单一指标优劣程度的评价和鉴定。科学的土壤质量评价必须依据评价的目的和对象选择合理的评价指标以及最适宜的科学评价方法。国内学者多采用土壤质量指数与综合指数法及模糊数学方法对人为干扰耕作的土地土壤质量变化进行量化分析和评价（王建国等，2001；韩平等，2009），有学者采用以质量控制为基础，结合土壤质量定量动力学特征以及土壤质量控制过程的评价方法（Larson and Pierce，1991），也有人在评价过程中使用代表量化函数，最后选定多个函数参数和赋权，通过土壤质量指数加乘法计算得到的综合评分法（刘占锋等，2006）；学者根据特定标准将测定值通过指标转换，将多个土壤质量指标整合成一个综合的土壤质量指数的多变量指标克立格法（刘占锋等，2006）；也有学者以理想的土壤质量指标为标准，与其他土壤质量指数相比，得到土壤的相对质量指标，以定量表达研究区土壤质量和相对理想土壤的质量差距的土壤质量评价方法（刘占锋等，2006）。

国内常用的土壤质量评价方法有：将各指标值作为长度构成的三角形或多边形（三个参数值，如果超过三个参数则构成多边形）的面积作为评价土壤质量演变指标的可持续性指数法；通过对比统计序列几何关系来区分系统中各种因素之间的关系的密切程度，越接近序列的几何曲线之间的灰色关联度就越大，反之就越小的灰色关联评价方法（曹明霞，2007；林绍霞等，2010；张同娟等，2010）；从归一化原始数据矩阵中找到有限解决方案的最优方案和最差方案，通过评估掌握研究对象和最劣方案之间的差距，确定其相对近似度，继而优选分析作为综合评价的基础 TOPSIS 分析法（范涌，2007；高桂芹等，2010）；将原始指数重新组合成一套新的几个互相彼此无关的综合指数来替代原来的指标，根据评价需求，选取几个较小的综合指数尽可能多地反映出原始信息，把多而杂的指标转化为少数几个有代表性的综合指标主成分分析法方法（王恒旭等，2006；周广峰，2011；张水清等，2011）。

本书在系统研究贺兰山东麓特殊地理环境酿酒葡萄栽培前后土壤理化质量和生物质量变化的前提下，将综合运用土壤质量指标与评价方法，重点探讨葡萄园土壤质量变化的发生条件、过程、影响因素及其作用机理与时空规律性，聚焦酿酒葡萄园土壤质量保持与提高的途径及其关键技术，从而为探讨土地利用对土壤质量影响的机理和规律以及区域土地资源管理以及土地的持续利用提供理论依据，也为贺兰山东麓国际酿酒葡萄优势产区葡萄产业的可持续发展提供现实指导。

第二章　研究内容与方法

第一节　研究区概况

　　研究区位于宁夏回族自治区境内，该区域地处贺兰山沿山以东，涵盖了石嘴山、银川和吴忠三市。贺兰山东麓酿酒葡萄产区位于东经 105° 45′ ~106° 47′，北纬 37° 43′ ~39° 23′，属中温带干旱气候区。年均气温 8.5℃，≥10℃有效积温 3 135~3 272℃，昼夜温差 10~15℃，日照时数 3 032 h，日照率67%，年降水量 180~200 mm，无霜期 180 d。该区域为贺兰山洪积扇与黄河冲积平原之间的狭长地带，酿酒葡萄种植区北起石嘴山市大武口区，最南端至吴忠市红寺堡区，主要产区包括大武口产区、芦花台产区、贺兰山沿山产区、黄羊滩产区、玉泉营产区、青铜峡产区和红寺堡产区。土壤类型以灰钙土为主，同时涵盖了风沙土、灌

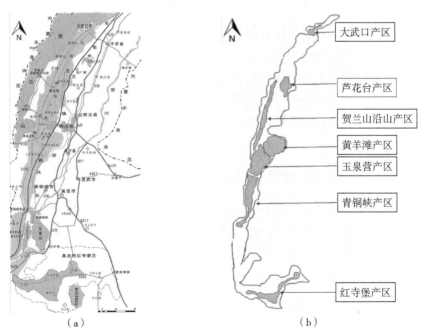

（a）　　　　　　　　　　（b）

图2-1　贺兰山东麓酿酒葡萄产区及采样点分布

15

淤土、淡灰钙土、砾质砂土和少量灰漠土，该区域光照充足，积温高，特别适宜种植中熟欧亚酿酒葡萄品种。该区域适宜发展酿酒葡萄土地达到 $13.3 \times 10^4 \, hm^2$，已发展酿酒葡萄 $3.3 \times 10^4 \, hm^2$，在干旱气候条件下，葡萄成熟缓慢而充分，香气发育完全，色素形成良好，含糖量高，酸度适中，无病虫害，具有国内其他地区无法相比的品质优势。具体分布见图 2–1a。

第二节　研究内容

为了充分了解成土环境和耕种过程对土壤质量的影响和土壤质量变化趋势，本研究首先从物理、化学和生物学指标三个方面分别对贺兰山东麓酿酒葡萄产区土壤质量进行大样本采样测定，并进行定量分析与系统评价；在此基础上将各单项土壤质量指标与酿酒葡萄的生长发育和产量品质等进行相关分析，深入研究土壤质量变化的条件、过程、作用机理与时空规律性；进一步运用综合质量评价方法构建贺兰山东麓酿酒葡萄产区土壤质量评价指标体系，以期阐明耕作管理措施与土壤质量演变之间的关系，为酿酒葡萄园土壤质量保持与提高提供技术支撑，并为指导更大范围更多葡萄园区建设规划与品种布局提供理论和实践依据。

一、贺兰山东麓酿酒葡萄园土壤物理性质

土壤物理指标及其稳定性控制着生态系统内的许多功能，是土壤最基本的质量指标。本文选取与葡萄根系生长、水分与养分运移等过程直接相关的有效土层深度、土壤质地、土壤容重、饱和含水量、田间持水量、孔隙性状等物理性质作为评价指标，分析不同产区内葡萄园土壤物理性质差异，酿酒葡萄不同种植年限后带来的土壤物理性质变化以及整个贺兰山东麓大尺度范围内土壤物理性质空间变异特征。

二、贺兰山东麓酿酒葡萄园土壤化学性质

土壤的化学性质及各种养分物质的存在形态和浓度直接影响植物的生长和动物及人类的健康。选取有机质、全氮、全磷、速效性氮磷钾、pH 值、全盐等含量及空间变异特征，并与不同田块产量水平变化直接相关联，掌握土壤化学性质对酿酒葡萄的影响。

三、贺兰山东麓酿酒葡萄园土壤微生物性质

土壤中的生物是维持土壤质量的重要组成部分，土壤生物学性质能敏感地反映出土壤质量健康的变化，是土壤质量评价不可缺少的指标。贺兰山东麓成土环境艰苦，其生物学质量显得尤为宝贵和重要。选取土壤微生物区系组成（细菌、真菌、放线菌的数量的比例）、土壤微生物生物量碳氮磷、呼吸强度、微生物代谢商和土壤酶活性等指标进行测定，以便清楚地掌握土壤微生物活性和土壤质量之间的关系。

四、贺兰山东麓土壤质量与酿酒葡萄生长及品质相关性分析

采用定性和定量相结合的方法分析各个单项土壤质量指标和酿酒葡萄生长、生理、产量和品质因子之间的关系，掌握土壤因素与酿酒葡萄生长发育的动态关系，建立从土壤环境到根际到地上部分的鲜活的评价体系，探寻影响贺兰山东麓酿酒葡萄品质的一种或几种特定优势土壤质量因子。

五、贺兰山东麓酿酒葡萄产区土壤质量评价

对土壤质量的综合评价最终直接反映在农业生产的可持续性上。选择有效、可靠、敏感、可重复及可接受的单项土壤质量指标与土壤生产力和农艺性状直接相关联，在灰色关联分析法的基础上，结合主成分分析，建立全面评价贺兰山东麓酿酒葡萄产区土壤质量的框架体系，定量评估土壤质量因子与葡萄生长及品质形成机制间的关系，为贺兰山东麓酿酒葡萄产区规划及科学管理提供依据。

第三节　研究方法

一、采样点布设

在贺兰山东麓酿酒葡萄产区分布区域中，以最具代表性的欧亚种酿酒葡萄赤霞珠葡萄园土壤为研究对象，依据酿酒葡萄园的分布特点在酿酒葡萄果实膨大期内（2013年7月中旬）从北至南随机设置了202个采样点（图2-1b），采用五点采样法分3层分别采集距离酿酒葡萄行30 cm区域的土壤分析样品（0~20 cm、20~40 cm、40~60 cm）606个。同时在典型土壤葡萄园内挖取相应0~100 cm观察剖面60个，定性分析各项剖面性状，并用GPS对每一个采样点准确记录经纬度和海拔，用于对应采集葡萄成熟期葡萄产量品质测定样品。

依据贺兰山东麓现有酿酒葡萄种植区域，从北到南分别采集了大武口产区、芦花台产区、贺兰山沿山产区、玉泉营产区、黄羊滩产区、青铜峡产区和红寺堡产区 7 个主要酿酒葡萄产区的土壤样品和葡萄样品，为了消除葡萄品种带来的差异，所选择的葡萄园和采集的葡萄品种全部为主栽的欧亚种赤霞珠。其中大武口产区土壤以风沙土和灰漠土为主，采集土壤分析样品 36 个，1 m 深剖面 4 个；芦花台产区土壤以潮灌淤土和灰钙土为主，采集土壤分析样品 66 个，1 m 深剖面 4 个；贺兰山沿山产区以砾质淡灰钙土为主，采集土壤分析样品 159 个，1 m 深剖面 16 个；玉泉营产区以风沙土和淡灰钙土为主，采集分析样品 123 个，1 m 剖面 14 个；黄羊滩产区以风沙土为主，采集分析样品 51 个，1 m 深剖面 6 个；青铜峡产区以普通灰钙土为主，采集分析样品 126 个，1 m 深剖面 12 个；红寺堡以壤质淡灰钙土为主，采集分析样品 45 个，1 m 深剖面 4 个。详见采样点分布图（图 2-1b）。

二、土壤样品采集

1. 土壤空间分布分析样采集

由于葡萄为多年生植物，葡萄的吸收根主要分布在树干水平距离 50 cm 以内，所以采样点选在距葡萄主干水平距离 30~40 cm 处。通常葡萄根系深度分布在地表垂直距离 60 cm 以内，所以葡萄园采样深度定为 60 cm。在研究区域内设置的采样点上采用五点取样法，以树干为中心，在距离树干水平距离 30~40 cm 的行内用螺旋土钻分别采集 0~60 cm 的土壤样品，每间隔 20 cm 取样，各土层五点土样经过均匀混合后，用自封袋盛装。采集的土壤样品经过自然完全风干后，首先过 2 mm 的筛，将土样中的砾石（＞2 mm）和土壤（＜2 mm）分开，通过称重法确定土样中砾石的质量百分比。其中土壤微生物样品采集去掉 0~5 cm 的表层土，仅采集 5~20 cm 的表层土样，采样时间为 2013 年的 7 月 16—26 日。

在典型葡萄园内挖取土壤剖面用于测试和记录，先挖取 0~100 cm 的土壤剖面，按照 0~20 cm、20~40 cm、40~60 cm、60~80 cm、80~100 cm 五层分别用高为 5 cm，底面积为 20 cm^2 的环刀取原状土，带回实验室测定土壤的饱和含水量、田间持水量和容重。样品采集后去除植物根系和残枝，以采样袋包装，带回室内立即分析，当天不能分析的样品放于冰箱内在温度为 4℃条件下保存。

2. 不同产量水平土壤样品采集

在贺兰山东麓形成稳定产量的不同产区内，依据本人及团队前期研究结果分别确立各产区的高产（相对产量＞90%）和低产（相对产量＜75%）水平葡萄园，分别采集黄羊滩产区葡萄园（15 样点）、玉泉营产区葡萄园（15 样点）、青铜峡产区葡萄园（15 样点）、贺兰山沿山产区葡萄园（15 样点）、芦花台产区葡萄园（15样点）、大武口产区葡萄园（15样点）和红寺堡产区葡萄园（15样点）的315个土壤样品用于分析酿酒葡萄不同产量水平下土壤性质特点。所采集葡萄园品种均为5~6年生赤霞珠，栽植架式均为独立龙干型。

3. 不同种植年限土壤样品采集

为了消除土壤类型、气候因素、栽培方式以及葡萄品种等因子带来的误差，选择玉泉营产区农垦集团公有基地连片淡灰钙土上定植2年（2011年定植），5年（2008年定植）和8年（2005年定植）的独立龙干型栽培的赤霞珠酿酒葡萄园为研究对象，分别采集其土壤样品用于土壤物理性质和土壤微生物性质分析，不同年限分别采集12个样点，每个样点3层，共108个土壤样品。

三、酿酒葡萄园土壤物理性质测定

土壤容重：采用环刀法，在每个剖面土壤层中将环刀垂直压入土内，用铁铲挖去周围土壤，取出环刀，将多余土用削土刀切去，用105℃供箱供至恒重，用精度0.01g的天平称重，除以环刀体积为土壤干容重。

土壤饱和含水量：环刀浸泡法测定。

土壤田间持水量：采用环刀法测定。

土壤机械组成：采用Malvern公司生产的Master Sizer 2000超声波粒度分析仪测定土壤的颗粒组成。

土壤孔隙：采用渗透法计算换算得出。

土壤团聚体：采用干筛法初步分筛后采用湿筛法确立水稳性团聚体（孙权，2004）。

四、酿酒葡萄园土壤化学性质测定

pH值：采用pH值酸度计电位法（水：土=5：1）。

全盐：采用DDS-11电导率仪测定。

有机质：采用重铬酸钾氧化－硫酸亚铁滴定法测定。

全氮：凯氏消解－蒸馏滴定法。

全磷：NaOH熔融－钼锑抗锑抗比色。

碱解氮：碱解扩散法。

有效磷：浸提－钼锑抗比色法。

速效钾：醋酸铵浸提－火焰光度法。

有效钙、镁：采用原子吸收分光光度法，在钙测定中，波长为422.7 nm；在镁测定中，波长为285.2 nm。

有效铁、锰、铜、锌：采用原子吸收法测定，采用DTPA-TEA-CaCl$_2$提取后，用原子光谱法直接测定溶液中的铁、锰、铜、锌含量（鲍士旦，2000）。

五、酿酒葡萄园土壤生物学性质测定

土壤微生物数量：采用 10 倍递增系列梯度稀释分离法测定。

真菌：马铃薯葡萄糖琼脂培养基稀释平板涂抹法。

放线菌：高氏 1 号培养基稀释平板涂抹法。

细菌：牛肉膏–蛋白胨培养基稀释平板涂抹法。

呼吸速率：碱液吸收法。

微生物熵：微生物量碳／总有机碳。

呼吸商：基础呼吸／微生物量碳。

微生物量碳：氯仿熏蒸–K_2SO_4 浸提法–TOC 测定法。

微生物量氮：氯仿熏蒸–K_2SO_4 浸提法–碱性过硫酸钾氧化法。

微生物量磷：氯仿熏蒸–$NaHCO_3$ 浸提–钼锑抗比色法。

脲酶：靛酚蓝比色法。

过氧化氢酶：高锰酸钾滴定法。

碱性磷酸酶：磷酸苯二钠比色法。

蔗糖酶：3,5–二硝基水杨酸比色法（李振高等，2008；关松荫，1987）。

六、酿酒葡萄生长指标监测及品质分析

1. 酿酒葡萄生长指标测定

2013 年 7 月 16—26 日在不同产区对应的酿酒葡萄园选取长势均匀的赤霞珠葡萄为研究对象。叶片成熟时，测量中上部成熟部位叶绿素含量、新梢长度、百叶鲜重、根长等生长发育指标。采用 S 形随机采集，每个处理重复 5 次。

2. 酿酒葡萄产量测定

在葡萄成熟期结束前，2013 年取样时间为 9 月 26—28 日，在每个土壤样监测位置附近随机选取 20 棵生长健康、无病虫害的葡萄树，采收每棵树所有葡萄果实，并采用百分之一天平分别进行称重，20 棵树的平均值代表该监测位置的产量。

3. 葡萄品质测定

2013 年 9 月 26—28 日，在每个监测位置随机从测产葡萄中选取 20 串，装入自封袋中，用记号笔标记，带回实验室液氮速冻后存储在超低温冰箱中待测。主要测量果粒百粒重、还原糖、可滴定酸、pH 值、可溶性固形物、单宁、花青素和总酚。

百粒重：从每个监测位置所取的每串葡萄上随机摘取 5 个果粒，采用精度为

万分之一的电子天平测量每 100 个果粒的重量。

pH 值：从每个采样点所取的葡萄上随机摘取果粒，挤出 30 mL 果汁于小试管中，采用 pH 计进行测定，三次度数取平均值代表该监测位置葡萄果粒的 pH 值。

可溶性固形物：从每个监测位置所取的每串葡萄上随机摘取 5 个果粒，采用具有温度补偿功能的手持式糖度计进行测定。

可滴定酸：采用酸碱中和转移法测定，将葡萄浸出液以酚酞为指示剂，用 0.1 mol/L 氢氧化钠标准溶液滴定。

还原糖：采用 3,5- 二硝基水杨酸比色法测定，在 NaOH 和丙三醇存在下，3,5- 二硝基水杨酸（DNS）与还原糖共热后被还原生成氨基化合物，在 540 nm 波长处，利用比色法测定。

花色苷：采用 pH 示差法测定，结果以二甲花翠素 -3- 葡萄糖苷表示。

总酚：采用吸光值法（A280）测定，结果用没食子酸表示。

单宁：采用甲基纤维素法测定，结果用儿茶素表示（宁鹏飞，2012）。

七、土壤评价指标构建

为全面掌握贺兰山东麓酿酒葡萄特性与产地土壤质量之间的相关性，在前人研究基础上，通过对土壤各指标及其与葡萄生长及品质的相关性分析，选用 0~60 cm 平均土层的土壤物理化学性质（土壤容重、土壤机械组成、土壤团聚体、土壤孔隙度和土壤水分）、土壤化学性质（有机质、全盐、pH 值、全氮、碱解氮、全磷、有效磷、速效钾、有效钙、有效镁及有效铁、锰、铜、锌）、土壤微生物指标（微生物三菌数量、酶活性和微生物量碳氮磷）等指标来评价其土壤质量因子与葡萄生长及品质的关系（数据来源于第三、第四、第五、第六章）。结合相关性分析结果，构建影响酿酒葡萄生长和产量品质的土壤评价指标体系。过多的指标之间通常具有一定的相关性，统计的信息有可能部分重叠，因此将各指标进行转换，获得能够较好反映指标间变化的指标后重新用于主成分分析和灰色关联分析（张佳华，1997）。

1. 灰色关联分析

灰色关联度法是一种多元统计分析方法，按照序列曲线几何形状的相似程度来确定其关联程度，曲线几何形状越相似，则相应序列之间关联程度越高，反之亦然（张同娟等，2010；穆兰，2014）。首先确定参考数列和比较数列，然后计算相关系数和关联度，依据相关性大小，决定比较数列与参考数列的关联程度，判断比较数列的重要性，列出相关参数等级（穆兰，2014），如图 2-2 所示，特定的序列 1 是参考序列，序列 2 和序列 3 为参考数列。序列 2 的变化趋势与序列

1 几乎平行，因此两者灰色关联度很大（≈1）；序列 3 与序列 1 的变化趋势差异较大，序列 3 与序列 1 的灰色关联度较小。由此可见序列 2 是主要因素，而序列 3 是次要因素（邓聚龙，1987）。

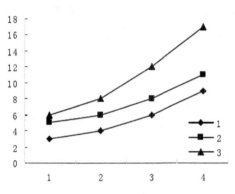

图 2-2　灰色关联度分析

灰色关联程序步骤：

（1）评价矩阵构造。设参考的序列矩阵为 x_i，设被比较的数列矩阵为 x_0，x_i=[x_i（1），x_i（2），…，x_i（n）]，x_0=[x_{0i}（1），x_{0i}（2），…，x_{0i}（n）]。

（2）原始数据的无量钢化处理。x_i=x_i/y_i。

（3）关联系数计算。数据变换后的参考数：x_0' =[x_{0i}'（1），x_{0i}'（2），…x_{0i}'（n）]，子序列：x_i' =[x_i'（1），x_i'（2），…x_i'（n）]，ξ∈（0，1），令

本书取 ξ=0.5。

（4）求关联度。

$$\gamma(x_0,\ x_i)=\frac{1}{n}\sum_{k=1}^{n}\gamma(x_0(k),\ x_i(k))$$

N 为比较序列数量。

（5）排关联序。相同序列与参考序列的大小、组成及序列直接反映了子序列与参考序列之间的关系。

2. 主成分分析法

在数据分析的工作，简化复杂的数据集，将指数 n 减小到一维度的指标，主成分分析往往是由加权组合，对于任何一种多指标综合评价法，无量纲指标均可以综合。

主成分分析程序步骤：

（1）标准化无量纲处理。T 对样本所有的集中元素：x_{ik}（i=1，2，…n，k=i=1，

2, …, p）作变换，即 $x_{ik}=\dfrac{x_{ik}-\overline{x_k}}{S_k}$；其中，$\overline{x_k}=\dfrac{1}{n}\sum\limits_{i=1}^{n}x_{ki}$，$sj=\left[\dfrac{1}{n-1}\sum\limits_{i=1}^{n}\left(x_{ki}-\overline{x_i}\right)^2\right]$，变

换后均值为 0，方差为 1，n 为参与评价的指标个数。

（2）计算相关系数矩阵。

（3）相关系数矩阵 R，求特征方程的 $|R-\lambda i|$ 的 p 个特征值 $\lambda 1 > \lambda 2 > \cdots$ $\lambda p \geq 0$，其中 $\lambda i >$ 的特征向量为 $C(i)=(C1, C2, \cdots, CP)$，$i=1, 2, \cdots$。

（4）选择 m（$m < p$）个主分量。

八、数据统计及分析

利用 Excel 和 SAS 8.1 软件通过描述性统计特征值进行数据分析，描述数据的集中程度和离散程度，包括最大值、最小值、平均值、标准差和变异系数。峰度、偏度和 KS 方法用于检验数据是否符合正态分布特征。方差分析（$ANOVA$）和最小显著性检验（LSD）用来分析土壤质量因子对葡萄生长及品质的影响，显著性水平为（$P < 0.05$）。$Person$ 相关系数用于分析土壤性质之间的相关性。随机变量的离散程度用变异系数（CV）的大小来反映，具体计算公式为：$CV=s/m$ 式中，m 为样本平均值；s 为标准差。当 $CV > 1$ 时，说明变量为强变异；$0.1 < CV < 1$ 时，为中等变异；$CV < 0.1$ 时，为弱变异。

用 SigmaPlot 12.0 绘图软件绘制土壤微生物与肥力关系图和酿酒葡萄成熟期品质指标变化趋势图。

第四节 技术路线

以贺兰山东麓酿酒葡萄产区典型酿酒葡萄园土壤为研究对象，通过野外调查和室内样品分析，采用主成分分析法和灰色关联等方法研究土壤质量及其对酿酒葡萄生长及品质的响应，定量评估土壤质量因子与酿酒葡萄生长及品质形成机制间的关系，为贺兰山东麓酿酒葡萄产区规划及科学管理提供依据。具体技术路线如图 2-3 所示。

23

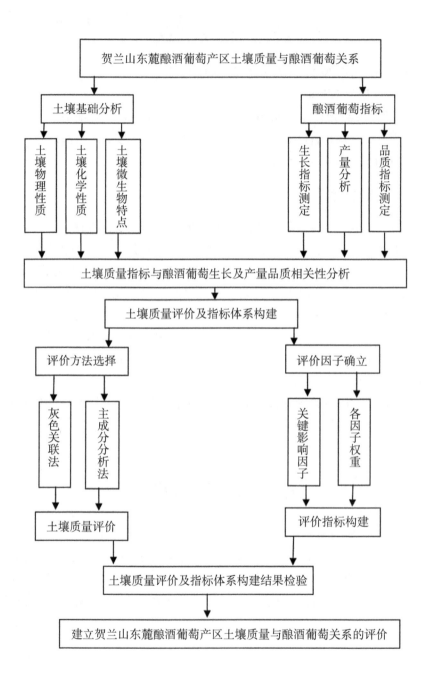

图2-3 技术路线

第三章　贺兰山东麓酿酒葡萄园
土壤物理性质

第一节　引　言

土壤是葡萄生长的基础，土壤结构及其理化性状提供并协调着葡萄生长发育所必要的水分和营养，与葡萄的正常生长发育有着密切关系。土壤类型、土壤结构、土层厚度、土壤肥力、土壤温度和水分等性质对葡萄的根系以及植株的生长发育具有重要的影响。土壤物理性质在很大程度上决定了酿酒葡萄的植株寿命、产量、果实品质以及后期葡萄酒的品质与风味。贺兰山东麓碱性石灰性土壤，有利于葡萄根系发育，糖分和芳香物质积累，同时土壤的钙质对葡萄酒的品质有良好的影响，但较薄的土层和过多的砾石层容易造成漏水漏肥（孙权等，2007）。

土壤质地与结构、土壤强度，最大扎根深度和土壤有效水可作为衡量作物生长好坏的土壤物理指标（Larson et al.，1991），其中土壤的某些关键物理指标，诸如土壤容重、孔隙度及土壤持水能力等与酿酒葡萄根系分布、葡萄稳产性及耐寒能力有显著相关性（孙权等，2007）。土壤结构稳定性控制了生态系统内其他指标的稳定性（熊东红等，2005），也有将土壤容重、渗透率、熟化程度、团聚稳定性、水分等物理指标均作为测试工作指南用于进行土壤质量评价（Ditzler et al.，2002）。土壤容重的变化会导致土壤的其他一系列物理性质变化，如孔隙比例及数量、土壤田间持水能力、土壤通气性等，只有土壤水、土、气、协调后，才能促进正常生长（Logsdon et al.，2004；华孟，1993），容重小的土壤水分容易蒸发和渗漏损失，容重过大则不利于水分入渗（何其华等，2003；刘文利等，2006）。酿酒葡萄是一种适应性较强的果树，在部分极端土壤条件下也能正常生长，土壤黏粒含量在20%~40%比较适宜（王建国等，2001）。土壤含水量为田间持水量的60%~70%时，最适宜植物根系及新梢的生长，当超过80%后会影响土壤通透性，不利于根系对养分的吸收，当土壤水分降到田间持水量的35%以下时，葡萄新梢停止生长，需及时灌水（杨慧慧等，2011）。

本试验通过分析贺兰山东麓酿酒葡萄产区土壤物理性质，研究土壤物理因子对酿酒葡萄生长发育及品质因子的影响，以期为酿酒葡萄产业健康发展及布局提供支撑。

第二节　研究方法

由于不同产区土壤物理性质差异较大，因此在本章中分别研究了不同产区的0~60 cm不同土层的土壤物理性质，同时从大尺度范围分析了酿酒葡萄产区的空间变异特征。酿酒葡萄定植后对土壤物理性质有一定的改良作用，设置不同定植年限酿酒葡萄园，分析定植年限对土壤质量的影响。

具体研究方法参照第二章第三节一、二和三。

第三节　结果与分析

一、贺兰山东麓酿酒葡萄园土壤机械组成

1. 不同小产区土壤机械组成

由表3-1可知，不同产区土壤质地差异较大，大武口产区酿酒葡萄园土壤以砂壤和中壤为主，粉粒含量偏高，砂粒次之，黏粒最少；芦花台产区酿酒葡萄园土壤以中壤为主，黏粒和粉粒含量相当，砂粒含量较低；贺兰山沿山产区酿酒葡萄园土壤以砾质和砂粒为主，砂粒含量极高，高达64.72%，粉粒和黏粒含量极低，仅为23.33%和11.95%；玉泉营和黄羊滩产区酿酒葡萄园土壤以砂粒为主，粉粒含量较低，黏粒含量极低；青铜峡产区酿酒葡萄园土壤砂粒和粉粒含量较高，黏粒含量较低；红寺堡产区酿酒葡萄园土壤以粉粒为主，占49.33%，砂粒和黏粒含量较少。

表3-1　不同小产区酿酒葡萄园土壤机械组成（315样本）　　　（%）

产区 A	不同粒径百分数		
	砂粒（0.02~2 mm）	粉粒（0.002~0.02 mm）	黏粒（< 0.002 mm）
大武口	32.65d	43.36b	23.99b
芦花台	19.39e	45.86b	34.76a

（续表）

产区 A	不同粒径百分数		
	砂粒（0.02~2 mm）	粉粒（0.002~0.02 mm）	黏粒（< 0.002 mm）
贺兰山沿山	64.72a	23.33e	11.95d
黄羊滩	49.24b	34.36d	16.41c
玉泉营	47.81b	36.34d	15.86c
青铜峡	41.31c	40.26c	18.42bc
红寺堡	29.54d	49.33a	21.13b

注：不同处理间多重比较在5%水平下进行。

2. 不同种植年限土壤机械组成

表3-2　不同种植年限酿酒葡萄园土壤机械组成（108样本）　　（%）

年限	不同粒径百分数		
	砂粒（0.02~2 mm）	粉粒（0.002~0.02 mm）	黏粒（< 0.002 mm）
2 年	52.64a	33.37b	13.98ab
5 年	50.39ab	34.86ab	14.76ab
8 年	49.65ab	35.33a	15.05a
均值	50.89	34.52	14.60

注：不同处理间多重比较在5%水平下进行。

由表 3-2 可知，随着酿酒葡萄种植年限的增加，葡萄园土壤砂粒含量有降低趋势，定植时间越长，砂粒含量越低，由于土壤本身砂性较强，耕作对土壤砂粒含量影响不大，不同年限差异不显著。土壤黏粒含量随着定植年限的增加而增加，受黄河水漫灌带来的泥沙淤积和有机肥投入导致的团聚影响，定植 8 年后粉粒含量显著高于定植 2 年葡萄园。土壤黏粒含量随着定植年限的增加有所增加，但土壤本身黏粒物质来源及摄入较少，且受埋土防寒扰动较大，不同种植年限差异不显著。

3. 贺兰山东麓产区土壤机械组成空间异质性

由表 3-3 可知，贺兰山东麓酿酒葡萄产区土壤质地以砂粒为主，黏粒其次，粉粒最少。不同层次之间质地变化较大，随土层深度增加，砂粒逐渐减少，黏粒逐渐增加；在底层土壤中粉粒含量显著高于表层与次表层。贺兰山东麓酿酒葡萄区土壤表层砂粒含量变异范围为40.1%~71.1%，粉粒变异范围为11%~32%，黏粒变异范围为17.9%~31.9%；随土层深度增加，砂粒逐渐减少，黏粒逐渐增加；在底层土壤中粉粒含量显著高于表层与次表层，不同层次间变异系数较小，不同土壤类型间变异较大。

表3-3　贺兰山东麓产区土壤机械组成变异特征（606样本）　　　　（%）

粒径	土层（cm）	均值	最大值	最小值	极差	方差	标准差	变异系数	95%置信区间
砂粒（0.02~2 mm）	0~20	59.89a	71.10	40.10	31.00	54.80	8.65	0.11	54.89~64.34
	20~40	58.39a	68.10	48.10	20.00	22.37	6.51	0.08	54.63~62.17
	40~60	32.69b	57.10	23.20	23.90	27.28	6.88	0.13	28.73~40.19
粉粒（0.002~0.02 mm）	0~20	16.79ab	52.00	11.00	41.00	27.10	5.21	0.77	13.78~33.24
	20~40	15.86b	23.00	12.00	11.00	9.98	3.16	0.54	14.03~20.18
	40~60	19.54a	26.00	16.50	9.50	7.29	2.70	0.28	17.98~25.06
黏粒（< 0.002 mm）	0~20	23.33b	31.90	11.90	20.00	19.36	4.47	0.34	20.75~28.58
	20~40	25.76b	31.90	18.90	13.00	20.13	4.49	0.28	23.17~28.69
	40~60	32.75a	37.90	28.40	9.50	8.86	2.98	0.13	31.04~37.01

注：不同处理间多重比较在5%水平下进行。

二、贺兰山东麓酿酒葡萄园土壤团聚体

土壤颗粒的特性决定了自身的抗侵蚀性能。土壤颗粒在有机或无机胶体作用下形成团聚体，其中，土壤黏粒具有较大的比表面积和吸附性能，当彼此接触时，通过范德华力可以使土壤黏粒粘贴在一起，有助于土壤团粒结构的形成。

1. 不同小产区土壤团聚体

人工施肥、引黄灌淤、机械耕作等因素能促进酿酒葡萄根系发达、粗壮、入土深，固土体积大，分泌有机物多。在诸多综合因素的结果影响下，由表3-4可知，芦花台产区＞5 mm的大团聚体数量显著高于其他产区，随着土壤质地加粗，＞5 mm团聚体含量也随之下降，贺兰山沿山产区＞5 mm的团聚体数量只

占 7.72%，75.94% 的团聚体 < 0.25 mm，即土壤颗粒基本上以分散状态存在。黄羊滩和玉泉营产区 > 1 mm 的团聚体几乎不存在了。随着大团聚体数量的降低，土壤结构性彻底改变，土壤的保肥、保水性能，通透性及抗侵蚀能力极大减弱。

表3-4　不同小产区酿酒葡萄园土壤团聚体（315样本）　　　　（%）

产区	各级团聚体含量					
	> 5 mm	2~5 mm	1~2 mm	0.5~1 mm	0.25~0.5 mm	< 0.25 mm
大武口	22.57c	5.53c	4.57c	2.13c	8.31b	55.88b
芦花台	46.34a	9.58a	5.42b	3.34b	8.75b	26.38d
贺兰山沿山	7.72e	6.13c	4.91b	1.65cd	3.61d	75.94a
黄羊滩	9.67e	5.03c	2.36d	1.18d	6.99bc	74.74a
玉泉营	14.43d	3.21d	2.74d	2.00c	6.07c	71.54a
青铜峡	32.27b	9.09b	6.06a	4.01a	11.23a	37.33c
红寺堡	35.39b	10.24a	6.18a	4.25a	9.46ab	34.40c

注：不同处理间多重比较在5%水平下进行。

2．不同种植年限土壤团聚体

表 3-5 显示，随着酿酒葡萄种植年限的增加，葡萄园土壤 > 0.25 mm 所占的土壤团聚体呈现先减少后增加的趋势，< 0.25 mm 团聚体含量明显减少，> 5 mm 土壤团聚体随种植年限的增加呈先减小而后增加的趋势，说明酿酒葡萄长期种植有利于 > 5 mm 团粒结构的形成和稳定。定植 8 年的葡萄园 5~0.5 mm 水稳性团聚体所占比例最高，说明葡萄根系的不断分布有利于促进次级别团聚体的形成和稳定，促使较小团粒凝聚为较大团粒，但定植超过 8 年的葡萄园土壤结构性变差，促进了 > 0.25 mm 大团聚体含量的增加的同时降低了 < 0.25 mm 的微团聚体含量。

表3-5　不同种植年限酿酒葡萄园土壤团聚体（108样本）　　　　（%）

年限	各级团聚体含量					
	> 5 mm	2~5 mm	1~2 mm	0.5~1 mm	0.25~0.5 mm	< 0.25 mm
2 年	33.73b	8.07b	5.35a	3.16b	9.43a	39.86b
5 年	19.83c	6.16c	3.76b	2.48c	7.51b	60.23a
8 年	49.50a	9.62a	6.07a	4.67a	4.32c	25.83c
均值	34.35	7.95	5.06	3.44	7.09	41.97

注：不同处理间多重比较在5%水平下进行。

3.贺兰山东麓产区土壤团聚体空间异质性

由表3-6可知，贺兰山东麓酿酒葡萄园土壤团聚体整体偏低，直径为
0.25~0.5 mm 的土壤优势性水稳性团聚体含量相对＞5 mm 直径的团聚体占的比
例较小。0~40 cm 土层土壤水稳性团聚体含量显著高于底层土壤，从各级团聚
体所占百分比分析来看，＞5 mm 和＜0.25 mm 所占比例相当，分别为34.35％、
41.97％，2~5 mm、1~2 mm、0.5~1 mm、0.25~0.5 mm 各级别所占比例分别为
7.95％、5.06％、3.43％、7.08％，三个级别之和仅为31.3。表层＞0.25 mm
团聚体含量显著高于40~60 cm 土层，20~40 cm 土层＜0.25 mm 团聚体含量最
高，超过60％，土壤颗粒基本上以分散状态存在，土壤稳定性和抗侵蚀能力
较弱。

表3-6　贺兰山东麓酿酒葡萄园土壤团聚体变异特征（606样本）　　（％）

土层深度 （cm）	各级团聚体含量					
	＞5 mm	2~5 mm	1~2 mm	0.5~1 mm	0.25~0.5 mm	＜0.25 mm
0~20	33.73b	8.07ab	5.35ab	3.16ab	9.43a	39.86b
20~40	19.83c	6.16b	3.76b	2.48b	7.51b	60.23a
40~60	49.50a	9.62a	6.07a	4.67a	4.32c	25.83c
均值	34.35	7.95	5.06	3.43	7.08	41.97

注：不同处理间多重比较在5%水平下进行。

三、贺兰山东麓酿酒葡萄园土壤容重

1.不同小产区土壤容重

土壤质地及土壤类型差异下，土壤容重差异较大，由表3-7可知，红寺堡
产区表层土壤容重最小，仅为1.37 g·cm^{-3}。大武口产区、玉泉营和黄羊滩产区
土壤质地类似，土壤容重差异不大，不同层次间差异也不明显；贺兰山沿山产
区富含大量石砾和砂粒，表层土壤容重高达1.57 g·cm^{-3}；其他砂粒含量较高
的产区表层土壤容重均在1.45 g·cm^{-3}以上；青铜峡产区40~60 cm 土层分布
有较厚的钙积层，土壤紧实，容重高达1.53 g·cm^{-3}，仅次于贺兰山沿山产区的
1.59 g·cm^{-3}。

表3-7 不同小产区酿酒葡萄园土壤容重（315样本） （g·cm^{-3}）

产区	土层深度			
	0~20 cm	20~40 cm	40~60 cm	均值
大武口	1.45c	1.46c	1.46d	1.46
芦花台	1.39d	1.41d	1.50c	1.43
贺兰山沿山	1.57a	1.58a	1.59a	1.58
黄羊滩	1.47b	1.48bc	1.47d	1.47
玉泉营	1.47b	1.48bc	1.48d	1.48
青铜峡	1.46c	1.49b	1.53b	1.49
红寺堡	1.37d	1.42d	1.41e	1.40

注：不同处理间多重比较在5%水平下进行。

2. 不同种植年限土壤容重

植物根系分布及人为耕作扰动会显著影响土壤容重，由表3-8可知，随着种植年限增加，以酿酒葡毛根分布为主的表层土壤容重差异不显著，种植2年葡萄园的次表层和底层土壤容重最大，约为1.46 g·cm^{-3}，显著高于5年和8年生葡萄园，说明种植年限对次表层和底层土壤容重有显著影响，其中种植5年土壤容重最小，从表层到底层依次为1.35 g·cm^{-3}、1.41 g·cm^{-3}、1.54 g·cm^{-3}。

表3-8 不同种植年限葡萄园土壤容重（108样本） （g·cm^{-3}）

年限	土层深度		
	0~20 cm	20~40 cm	40~60 cm
2年	1.39a	1.46a	1.59a
5年	1.35b	1.41b	1.54b
8年	1.37ab	1.43ab	1.56ab
均值	1.37	1.44	1.56

注：不同处理间多重比较在5%水平下进行。

3. 贺兰山东麓产区土壤容重空间异质性

表3-9显示，贺兰山东麓酿酒葡萄园土壤容重普遍偏大，变化范围在1.03~1.89 g·cm^{-3}，表层土壤容重平均为1.39 g·cm^{-3}，土壤疏松，适宜作物根系的生长，0~60 cm剖面内，随着土壤深度的增加，土壤容重显著增加，40~60 cm土层达到1.55 g·cm^{-3}，部分区域最高达到1.89 g·cm^{-3}，过大的容重抑制了根系的深扎与生长发育。从变异系数可知，研究区土壤容重整体变异程度较高，变

异范围在 9.2%~13.3%，表层土壤容重最小值仅为 $1.03 \ g \cdot cm^{-3}$，最大达到 1.60 $g \cdot cm^{-3}$，表层和次表层差异不显著，但显著低于底层土壤。

表3-9　贺兰山东麓土壤容重变异特征（606样本）　　　（$g \cdot cm^{-3}$）

土层 （cm）	均值	最大值	最小值	极差	方差	标准差	变异系数	95%置信区间
0~20	1.39b	1.60	1.03	0.57	0.03	0.18	0.13	1.27~1.53
20~40	1.41b	1.63	1.16	0.47	0.02	0.13	0.09	1.34~1.59
40~60	1.55a	1.89	1.38	0.51	0.02	0.14	0.09	1.47~1.64

注：不同处理间多重比较在5%水平下进行。

四、贺兰山东麓酿酒葡萄园土壤孔隙性状

1. 不同小产区土壤孔隙性状

根据孔隙中的土壤水吸力大小将孔隙划分为三种类型，由表 3-10 可知，芦花台产区土壤非活性孔隙含量最高，显著高于其他产区，土壤通气孔隙较少，葡萄根系呼吸困难，在地下水位较高的区域过高的毛管孔隙含量容易导致盐碱的上下运移；贺兰山沿山产区以通气孔隙为主，水分和养分流失较为严重，该地区最适宜开展水肥一体化管理方式；红寺堡产区毛管孔隙较多，保水保肥能力较强，在该区域的壤质土壤上，可以减少灌溉和施肥次数；黄羊滩和玉泉营产区以通气孔隙为主，非活性孔隙比例较低，可以通过有机培肥方式改良土壤结构，增加毛管孔隙比例；青铜峡和大武口产区不同孔隙比例适中，总孔隙度在 55% 左右，比较适宜酿酒葡萄根系的发育。

表3-10　不同小产区酿酒葡萄园土壤孔隙（315样本）　　　（%）

产区	非活性孔隙	毛管孔隙	通气孔隙
大武口	13.29b	18.35c	20.27d
芦花台	16.34a	27.42a	14.68e
贺兰山沿山	2.67d	7.56f	39.58a
黄羊滩	6.56c	12.65e	34.39b
玉泉营	7.42c	15.46d	33.46b
青铜峡	12.84b	18.57c	28.33c
红寺堡	13.56b	21.86b	20.39d

注：不同处理间多重比较在5%水平下进行。

2. 不同种植年限土壤孔隙性状

酿酒葡萄种植过程中持续的有机培肥及埋土出土会改变土壤孔隙类型及比例，由表3-11可知，定植2年的土壤非活性孔隙和毛管孔隙显著低于定植5年和8年的酿酒葡萄园，但通气孔隙随着定植年限的增加而显著增加。定植5年和8年的酿酒葡萄土壤孔隙有一定差异，但差异不显著，由此可见，在贺兰山东麓干旱区定植酿酒葡萄，前期的土壤培肥及改良能显著改善土壤孔隙，后期持续耕作对土壤孔隙的影响差异不显著。

表3-11　不同种植年限葡萄园土壤孔隙（108样本）　　（%）

年限	非活性孔隙	毛管孔隙	通气孔隙
2年	6.42b	11.57b	31.31a
5年	8.36a	14.39a	27.23b
8年	8.69a	16.26a	27.18b
均值	7.82	14.07	28.57

注：不同处理间多重比较在5%水平下进行。

3. 贺兰山东麓产区土壤孔隙性状空间异质性

由表3-12可知，贺兰山东麓通气孔隙比例较高，毛管孔隙较少，非活性孔隙含量更低。在0~20 cm土层，非活性孔隙表层变异系数较大，毛管孔隙与通气孔隙表层变异系数较小，非活性孔隙变异范围在11.09%~24.79%，毛管孔隙变异范围在6%~30%，通气孔隙变异范围在11.19%~39.69%；0~20 cm表层和20~40 cm次表层土壤通气孔隙含量超过25%，显著高于40~60 cm土层；表层毛管孔隙显著高于40~60 cm土层，20~40 cm土层毛管孔隙高于40~60 cm，但差异不显著；底层非活性孔隙数量显著高于表层和次表层，最高达到10%以上。40~60 cm土层通气孔隙和毛管孔隙变异系数较大，非活性孔隙变异系数较小。

表3-12　贺兰山东麓土壤孔隙组成变异特征（606样本）　　（%）

孔隙	土层(cm)	均值	最小值	最大值	极差	方差	标准差	变异系数	95%置信区间
非活性孔隙	0~20	15.24b	11.09	24.79	13.7	41.16	3.48	0.66	13.40~18.86
	20~40	14.44b	11.15	20.71	9.56	23.21	2.20	0.50	12.03~15.33
	40~60	10.90a	7.67	16.24	8.57	8.68	4.66	0.43	8.67~15.33

33

（续表）

孔隙	土层（cm）	均值	最小值	最大值	极差	方差	标准差	变异系数	95%置信区间
毛管孔隙	0~20	17.55a	6.00	30.00	24	49.40	2.19	0.12	12.10~28.55
	20~40	16.02a	5.30	29.50	24.2	40.27	1.24	0.08	12.94~20.56
	40~60	10.90b	7.67	16.24	8.57	8.68	4.66	0.43	10.67~12.24
通气孔隙	0~20	25.82a	11.19	39.69	28.5	93.86	4.48	0.17	14.69~34.65
	20~40	25.48a	6.27	40.84	34.57	71.01	3.85	0.15	15.91~38.06
	40~60	13.86b	11.44	15.61	4.17	1.87	2.16	0.56	11.52~15.25

注：不同处理间多重比较在5%水平下进行。

五、贺兰山东麓酿酒葡萄园土壤水分特征

1. 不同小产区土壤水分特征

土壤的持水能力和土壤含水量不仅决定酿酒葡萄的生长，更重要的是能够影响酿酒葡萄品质的形成。由表3-13可知，芦花台产区田间持水量和饱和含水量均显著高于其他产区，过高的土壤水分导致酿酒葡萄生长旺盛，产量过高，品质较低；贺兰山沿山产区则相反，土壤保水和持水能力均较弱，葡萄根系对养分的吸收时间和吸收量均较小，营养生长较弱，但适当的逆境下酿酒葡萄品质较好；红寺堡产区土壤饱和含水量和持水能力很强，每年3~5次灌溉完全能满足酿酒葡萄的正常发育；青铜峡和大武口产区土壤持水能力较强，显著高于黄羊滩和玉泉营产区。

表3-13 不同小产区酿酒葡萄园土壤水分特征（315样本）　（%）

产区	田间持水量	饱和含水量
大武口	18.49c	27.54c
芦花台	25.42a	36.35a
贺兰山沿山	7.99e	22.31d
黄羊滩	13.45d	24.15d
玉泉营	14.26d	24.26d
青铜峡	18.87c	26.27c
红寺堡	22.31b	32.63b

注：不同处理间多重比较在5%水平下进行。

2.不同种植年限土壤水分特征

土壤水分特征受土壤本身影响较大,后期酿酒葡萄种植对土壤持水能力和饱和含水量差异不显著。由表3-14可知,定植2年和定植8年的酿酒葡萄园土壤田间持水量有一定差异,但差异不显著,饱和含水量也无明显增加趋势。

表3-14　不同种植年限葡萄园土壤水分特征(108样本)　(%)

年限	田间持水量	饱和含水量
2年	15.37a	27.64a
5年	16.85a	30.27a
8年	17.46a	30.55a
均值	16.56	29.49

注:不同处理间多重比较在5%水平下进行。

3.贺兰山东麓产区土壤水分特征空间异质性

由表3-15可知,贺兰山东麓酿酒葡萄园0~60 cm土层土壤田间持水量平均值为16.37%,饱和含水量平均值为31.14%,底层土壤田间持水量最高,为17.38%,0~20 cm和40~60 cm土层土壤田间持水量显著高于次表层,但两者差异不显著,表层土壤饱和含水量最高,约为37.07%,显著高于底层土壤。引用黄河水灌溉,细颗粒逐步增加,饱和含水量随之增大。田间持水量变异系数较高,尤其表层变异系数超过50%。饱和含水量变异系数相对较小。

表3-15　贺兰山东麓土壤水分物理性质及变异特征(606样本)　(%)

土壤水分	土层(cm)	均值	最小值	最大值	极差	方差	标准差	变异系数	95%置信区间
田间持水量	0~20	17.15a	5.45	34.64	29.19	74.43	8.63	0.50	12.55~28.37
	20~40	14.57b	6.81	31.13	24.32	48.19	6.94	0.48	10.87~25.45
	40~60	17.38a	5.80	33.51	27.71	45.03	6.71	0.39	13.81~27.96
饱和含水量	0~20	37.07a	27	54.11	27.11	82.14	9.06	0.24	32.24~45.52
	20~40	30.79ab	22.29	45.7	23.41	51.45	7.17	0.23	26.97~42.09
	40~60	25.55b	7.24	54.67	47.43	101.90	10.09	0.40	20.17~48.07

注:不同处理间多重比较在5%水平下进行。

第四节 讨 论

贺兰山东麓砂质土壤的通透性强，夏季辐射强，土壤温差大，有利于葡萄糖分积累，风味好，但土壤有机质缺乏，保水保肥力差（李文超等，2012）。本研究表明，贺兰山沿山产区酿酒葡萄园土壤砂粒含量平均超过了50%，近年来在山前洪积扇地势较高区域的酿酒葡萄园，砂粒含量更高达79.89%。不同剖面中土壤颗粒组成的垂直分布特点及其在土体中的含量差异说明土壤的形成过程中土壤黏粒和砂粒组成有较大差异（邹诚等，2008）。本研究发现，不同层次变异较大，青铜峡产区底层土壤分布有钙积层，土壤多为中壤和砂壤，土壤粉粒和黏粒含量显著高于40 cm以上土层。北方酿酒葡萄不同于其他作物，在冬季来临前要修剪后埋土防寒，其取土深度约为40 cm，因此表层土壤扰动较大，每年的埋土和出土对土壤结构和质地会有一定的影响。玉泉营和黄羊滩产区以及青铜峡产区土壤含水量低，表层土壤沙化严重，砂粒含量高，有机质和黏粒含量低，底层分布有20 cm厚的钙积层，保水性好，且极少受埋土和出土扰动影响，粉粒和黏粒含量高。

土壤质地的好坏直接关系土壤的保肥和供肥能力，并与土壤耕性有紧密联系（刘美英，2009）。从本研究得出，贺兰山东麓酿酒葡萄产区土壤类型变异较大，田块之间的变异也较大，继而导致不同田块和不同层次的土壤质地变化较大，与前人研究结果较为一致。分析其主要原因为施肥耕作引起的差异，其次为埋土防寒和出土过程中的土壤扰动，同时还和灰钙土的钙积层分布特点有关。

适宜的土壤容重有利于植物根系的延伸（华孟，1993）。酿酒葡萄开沟定植和埋土出土过程中破坏了土壤耕作层原有的土壤结构，降低了土壤容重，有利于葡萄的生长。植物在容重大于1.50 g·cm^{-3}环境下，根系很难深扎，超过1.60~1.70 g·cm^{-3}则达到了根系能够穿插的临界值（单奇华等，2007）。贺兰山东麓表层土壤容重最小为1.03 g·cm^{-3}，最大达到1.89 g·cm^{-3}，平均高达1.44 g·cm^{-3}，高于正常土壤的容重。贺兰山东麓酿酒葡萄园容重整体偏高（表3-9），但酿酒葡萄整体生长良好，主要是因为不同植物根系构造不同，对土壤质地的适应性也不尽相同，酿酒葡萄根系发达，在干旱条件下需不断下扎及伸展以便更好地获取生长所必需的水分和养分，因此容重在1.50 g·cm^{-3}以下均能正常生长。但40~60 cm土层由于受钙积层的影响，土壤容重显著增加，超出了酿酒葡萄根系伸展能力的阈值（表3-9），因此根系生长受限制，影响酿酒葡萄的正常生长发育。酿酒葡萄定植前开深沟破除钙积层的影响是解决该问题的有效方法之一。

在贺兰山东麓酿酒葡萄园施用生物有机肥处理后土壤容重能较对照降低

0.02~0.18 g·cm^{-3}，土壤总孔隙度分别比对照增加 3.08%~8.80%（郭洁等，2013）。本研究发现随着种植年限增加，表层土壤容重差异不显著，种植 2 年次表层和底层土壤容重最大，约为 1.46 g·cm^{-3}，显著高于 5 年和 8 年生葡萄园，由此可见有机质含量较高及耕作条件好的葡萄园容重整体偏低。

0.25~10 mm 的团聚体的形成是各种土壤理化性质和微生物共同作用的结果，也是较为理想的土壤团聚体，其含量高低在一定程度上反映了土壤物理性质的高低，＞0.25 mm 团聚体所占的比例越高，则土壤团聚体结构就越稳定（付刚等，2008；卢金伟等，2002）。本研究发现随酿酒葡萄种植年限的增加，葡萄园土壤＞0.25 mm 的土壤团聚体显著增加，而＜0.25 mm 团聚体则明显减少，这与（祁迎春等，2011）等对关中地区苹果园土壤团聚体的研究结果一致。施用四种有机物料后可以改善土壤结构，能提高土壤大团聚体（＞0.25 mm）的含量（郭洁等，2013），＞0.25 mm 土壤团聚体含量的增加促进了表层土壤水稳性团聚体的形成。贺兰山东麓表层＞0.25 mm 团聚体含量显著高于 40~60 cm 土层，随酿酒葡萄种植年限的增加，葡萄园土壤＞0.25 mm 所占的水稳性土壤团聚体比例有显著增加趋势，其结果与（孙蕾，2010；郭洁等，2013）等人的研究结果一致。

土壤中总孔隙度为 50%，而非毛管孔隙占到 20%~40% 的时候，土壤水汽协调能力较好，土壤总孔隙度低于 40% 时土壤通气性受到影响，继而会抑制根系的生长（王会利等，2010）。本研究发现，底层孔径＜0.002 mm 的非活性孔隙较多，根毛和微生物很难进入其内，0.02~0.002 mm 的毛管孔隙在表层和次表层分布较多，有利于水肥吸收利用；表层孔径＞0.02 mm 的通气孔隙最多，土壤疏松，有利于气体交换和植物根系伸展。受人为影响，表层孔隙变异系数较大，底层土壤受扰动程度低，变异系数小（表 3-12）。

土壤孔隙大小的比例和分配是影响水分渗透的关键因素，土壤剖面 40 cm 以下的紧实层严重影响了土壤的正常孔隙分配，总孔隙度降低，大小孔隙比例失调，大孔隙的比例大大下降。由于通气孔隙减少，导致渗透性变差，不利于水分下渗，即影响土体水汽热的传导。旱生作物允许的平均最大田间含水率一般不超过田间持水率，最小含水率则不小于凋萎系数（张继光等，2006）。本研究认为不同产区土壤质地结构差异较大，直接影响了土壤水分特征，耕作年限及灌溉措施对其持水能力影响不大，较深层次的土壤通气孔隙较少，不利于水分下渗，水分滞留根系分布层，导致根系分布层田间持水量较高。

第五节 小 结

贺兰山东麓土壤砂性强，粉粒较少，黏粒含量适中，砂粒含量平均超过了50%，表层土壤和次表层砂粒含量显著高于底层土壤。

贺兰山东麓酿酒葡萄园土壤容重普遍偏大，随土壤深度增加而增加。土壤容重在 0~20 cm 表层土壤较为适宜，40~60 cm 钙积土层过大的容重抑制了根系的生长发育。

贺兰山东麓酿酒葡萄种植年限长短能显著影响土壤团聚体数量和比例，对其他理化性质影响较小。

贺兰山沿山产区砂性较强，以砾质砂土为主，不利于酿酒葡萄根系发育，但有利于优质原料的形成；芦花台产区土壤过于黏重，不利于生产高品质酿酒葡萄原料；黄羊滩和玉泉营产区土壤以淡灰钙土和风沙土为主，土壤物理结构不稳定，葡萄稳产性差；青铜峡和大武口产区以砂壤土为主，整体土壤物理质量适宜酿酒葡萄生长；红寺堡产区以壤土为主，土壤持水能力强，能通过减少灌水次数的方式提高酿酒葡萄品质。

第四章 贺兰山东麓酿酒葡萄园
土壤化学性质

第一节 引 言

　　土壤化学性质包括 pH 值、全盐、有机质、阳离子交换量、各类植物生长所需的矿质营养元素等，是影响土壤肥力的重要因素，综合起来可以反映土壤化学性质的高低。土壤养分是作物营养的主要来源，葡萄生长所需要的矿质营养元素只有以无机盐的形态存在于土壤中的时候才能被根系吸收，在吸收营养物质的同时也会吸收对葡萄有害的物质和盐分。土壤养分分布的差异也会导致葡萄生长发育的差别，尤其值得关注的是，贺兰山东麓酿酒葡萄栽植区域常存在碱、盐、瘠薄、干旱、滞水等障碍因素。葡萄对 pH 值在 5.1~8.5 的土壤都能适应，但生长势不同，在强碱性土壤（pH 值为 8.3~8.7）上，部分葡萄会出现黄叶病。土壤总盐分在 $1.4~2.9\ \mathrm{g\cdot kg^{-1}}$ 的盐分范围内均能正常生长，但盐分超过 $3.2\ \mathrm{g\cdot kg^{-1}}$ 以上时，表现受害症状。

　　土壤养分的丰缺直接影响着果树的产量与果实的品质。贺兰山东麓酿酒葡萄产区的主要土壤类型是灰钙土，属碱性石灰性土壤，磷在碱性石灰性土壤上容易被固定，有效性差（隋红建等，1996），而且这个地区属于干旱地区，年均降水量只有 200 mm 左右，更加不利于磷在土壤剖面上的运移（周涛等，2004）。氮肥对酿酒葡萄的产量起决定性影响，不施氮肥只施磷钾肥，产量与不施肥无显著差异，随施氮量的增加，酿酒葡萄产量显著增加，施氮量超过 $375\ \mathrm{kg\cdot hm^{-2}}$，产量会下降（张晓娟等，2013）。

　　磷素在植物生长中可以促进光合产物运转能力，提高葡萄抗病、抗寒性等，促进葡萄生长和品质形成。通过变异系数分析发现磷素对酿酒葡萄品质的影响顺序为株高＞鲜重＞百粒重＞含糖量＞果穗重＞含酸量＞总酸度（周涛等，2004；梁锦绣等，2002）。植物品种不同，对钾素的需求、吸收和累积的差异也较大（胡仕碧，1998），钾素能促进酿酒葡萄幼苗根系的快速发育，酿酒葡萄的根长和根量随施钾量的增加而显著增加（周涛等，2004），钾素同时能够影响葡萄的花芽分化，继而对酿酒葡萄的结果率、结果枝、产量、单粒重等产生影响（高耀庭等，2001），土壤中的磷素和钾素有利于促进浆果可溶性固形物的增加，氮素和钾素则有利于叶养分含量的提高和果实快速膨大，其他矿质营养元素还会影响酿酒葡萄的风味、硬度、色泽、风味等（王东升等，2007）。贺兰山东麓碱性石灰性土壤上过高的 pH 值直接影响土壤养分有效磷和其存在形态，极易导致土壤有效磷的钝化和代换性锰和有效铜含量的降低。

适宜的土壤环境是确保酿酒葡萄优质高效生产的先决条件，贺兰山东麓酿酒葡萄集中栽培区生态环境脆弱，土壤肥力低，土壤颗粒粗，保水保肥能力差，其根本原因就是作为生态基础要素的土壤质量存在的问题。因此，对酿酒葡萄栽培区土壤化学性质分析研究，有利于进一步掌握当地土壤肥力特征，为酿酒葡萄高产优质栽培提供理论依据。

第二节　研究方法

由于不同产区土壤化学性质差异较大，因此本章中研究了不同产区不同产量水平酿酒葡萄园的土壤化学性质差异性，同时从大尺度范围分析了酿酒葡萄产区土壤养分的空间变异特征。

由于长期耕作培肥导致酿酒葡萄园土壤化学性质有了一定的变化，分别设置 2 年、5 年和 8 年的不同定植年限对酿酒葡萄园土壤化学性质的影响。具体研究方法参照第二章第三节一、二和四。

近年来，农田的产投比远低于第二次土壤普查结果（贾文珠，2004）。因此，参照《第二次全国土壤普查技术规程》结合美国 Terra Spase 葡萄园土壤分析管理公司制定的酿酒葡萄种植土壤养分标准制定了表 4-1。

第三节　结果与分析

土壤养分变化的变异系数是常用的统计指标，变异系数也称为离散系数，反映了离散变量的程度，大的土壤养分变异系数意味着需要收集更多的样品用于比较平均来反映土壤养分状况。贺兰山东麓酿酒葡萄园 606 个土样离散土壤养分变异特征见表 4-2。

表4-1 酿酒葡萄园土壤养分含量分级与丰缺度

级别	有机质 OM (g·kg⁻¹)	全氮 TN (g·kg⁻¹)	全磷 TP (g·kg⁻¹)	全钾 TK (g·kg⁻¹)	碱解氮 AN (mg·kg⁻¹)	有效磷 AP (mg·kg⁻¹)	速效钾 AK (mg·kg⁻¹)	有效钙 ACa (mg·kg⁻¹)	有效镁 AMg (mg·kg⁻¹)	有效铁 AFe (mg·kg⁻¹)	有效锰 AMn (mg·kg⁻¹)	有效铜 ACu (mg·kg⁻¹)	有效锌 AZn (mg·kg⁻¹)
1	>40	>2	>1	>25	>150	>40	>200	>1 000	>300	>20	>15	>1.8	>3
2	30~40	1.5~2	0.8~1	20.1~25	120~150	20~40	150~200	700~1 000	200~300	15~20	5~15	1.0~1.8	2~3
3	20~30	1~1.5	0.6~0.8	15.1~20	90~120	10~20	100~150	500~700	100~200	10~15	4~5	0.5~1	1~2
4	10~20	0.75~1	0.4~0.6	10.1~15	60~90	5~10	50~100	300~500	50~100	5~10	3~4	0.3~0.5	0.5~1
5	6~10	0.5~0.75	0.2~0.4	5.1~10	30~60	3~5	30~60	100~300	30~50	3~5	2~3	0.1~0.3	0.2~0.5
6	<6	<0.5	<0.2	<5	<30	<3	<30	<300	<30	<3	<2	<0.1	<0.2

表4-2 贺兰山东麓土壤化学性质变异特征(606样本)

项目	土层 (cm)	最小值 Min	最大值 Max	均值 Mean	极差 Range	方差 Variane	标准差 SD	变异系数 CV	95% 置信区间
pH 值	0~20	8.00	9.05	8.34a	1.01	0.01	0.08	0.01	8.19~9.02
	20~40	8.07	9.14	8.31a	1.01	0.01	0.09	0.01	8.14~9.09
	40~60	8.03	9.28	8.36a	1.25	0.02	0.15	0.02	8.11~9.17
全盐 (g·kg⁻¹)	0~20	0.17	0.44	0.32a	0.28	0.01	0.11	0.38	0.21~0.39
	20~40	0.14	0.79	0.30a	0.65	0.04	0.21	0.65	0.16~0.48
	40~60	0.14	0.69	0.30a	0.55	0.03	0.19	0.63	0.15~0.43

（续表）

项目	土层 (cm)	均值 Mean	最小值 Min	最大值 Max	极差 Range	方差 Variane	标准差 SD	变异系数 CV	95%置信区间
有机质 (g·kg⁻¹)	0~20	6.43a	5.49	7.80	2.31	0.69	0.83	0.13	5.83~7.03
	20~40	4.46b	3.78	5.60	1.82	0.33	0.57	0.13	4.04~4.86
	40~60	4.01b	3.09	4.65	1.56	0.24	0.49	0.12	3.66~4.36
全氮 (g·kg⁻¹)	0~20	0.19a	0.15	0.22	0.07	0.00	0.02	0.10	0.17~0.20
	20~40	0.31a	0.12	1.75	1.63	0.26	0.51	1.61	0.14~0.67
	40~60	0.31a	0.08	1.93	1.85	0.32	0.57	1.84	0.09~1.60
碱解氮 (mg·kg⁻¹)	0~20	13.15a	7.88	24.31	16.44	39.68	6.30	0.48	8.31~17.99
	20~40	10.00ab	6.60	19.83	13.23	21.51	4.64	0.46	6.73~13.56
	40~60	6.12b	4.75	9.89	5.14	2.91	1.71	0.28	4.80~7.43
全磷 (g·kg⁻¹)	0~20	0.31a	0.09	0.46	0.37	0.01	0.11	0.37	0.22~0.39
	20~40	0.30a	0.20	0.37	0.17	0.00	0.05	0.18	0.25~0.33
	40~60	0.27a	0.16	0.44	0.28	0.01	0.09	0.34	0.19~0.34
有效磷 (mg·kg⁻¹)	0~20	11.55a	4.67	20.38	15.71	19.52	4.42	0.38	9.00~14.10
	20~40	10.53a	6.53	19.44	12.92	19.12	4.37	0.42	8.00~13.05
	40~60	8.82a	4.97	18.29	13.32	15.95	3.99	0.45	6.51~11.12
有效钾 (mg·kg⁻¹)	0~20	170.98a	107.69	280.55	172.86	4 797.48	69.26	0.41	113.06~228.88
	20~40	145.04a	106.54	210.00	103.46	1 551.70	39.39	0.27	112.10~177.97
	40~60	89.45b	54.62	133.13	78.51	765.87	27.67	0.31	66.31~112.59

（续表）

项目	土层（cm）	均值 Mean	最小值 Min	最大值 Max	极差 Range	方差 Variane	标准差 SD	变异系数 CV	95%置信区间
有效钙 （mg·kg⁻¹）	0~20	505.03c	156.12	1 206.54	1 050.42	712.36	340.22	0.51	427.06~666.39
	20~40	688.35b	344.47	1 056.92	712.45	703.54	258.87	0.33	466.26~798.88
	40~60	874.28a	466.56	1 049.64	583.08	545.29	136.36	0.24	563.74~1 060.31
有效镁 （mg·kg⁻¹）	0~20	130.13a	50.05	44.44	~5.61	100.01	10.09	0.21	11.11~15.15
	20~40	80.36b	50.56	111.1	60.54	46.56	7.25	0.15	63.60~93.96
	40~60	85.53b	43.27	130.36	87.09	50.37	6.63	0.24	65.54~103.37
有效铁 （mg·kg⁻¹）	0~20	9.8a	4.54	22.24	17.7	179.24	13.39	0.52	11.02~17.88
	20~40	4.24b	2.26	6.52	4.26	49.38	11.13	0.35	3.36~5.72
	40~60	4.56b	1.39	7.42	6.03	56.49	12.29	0.28	2.29~6.64
有效锰 （mg·kg⁻¹）	0~20	2.7a	0.9	4.42	3.52	2.14	1.46	0.53	0.23~0.31
	20~40	2.56a	2.36	2.95	0.59	1.36	0.98	0.09	2.38~2.66
	40~60	2.39b	1.09	3.34	2.25	2.2	0.99	0.12	2.00~2.58
有效铜 （mg·kg⁻¹）	0~20	0.89a	0.23	1.64	1.41	5.8	7.62	0.84	0.72~1.03
	20~40	0.15b	0.06	0.44	0.38	1.03	0.78	0.23	0.09~0.21
	40~60	0.05b	0.02	0.09	0.07	1.02	0.77	0.17	0.03~0.07
有效锌 （mg·kg⁻¹）	0~20	0.97a	0.36	1.20	0.84	4.35	6.58	0.67	0.80~1.14
	20~40	0.86b	0.28	1.14	0.86	2.23	4.36	0.33	0.39~1.04
	40~60	0.84b	0.33	1.11	0.88	2.06	3.56	0.18	0.66~1.04

注：不同处理间多重比较在5%水平下进行。

一、贺兰山东麓酿酒葡萄园土壤 pH 值

1. 不同小产区土壤 pH 值

不同产区土壤差异性较大，相同产区不同地块葡萄园产量水平也存在较大差异，由表4-3可知，不同产区 pH 值差异较大，尤其以大武口产区最高，均值在 8.72 以上，贺兰山沿山产区最低，均值为 8.36。相同产区内不同产量水平葡萄园内 pH 值差异不显著，相近地块成土环境相似，受耕作的影响程度不大，pH 值与酿酒葡萄产量高低水平无显著相关性。各产区内 pH 值极差和变异系数较小，置信区间相对集中，由此可见各产区内土壤 pH 值相对均一，变异程度较低。

表4-3　不同小产区土壤pH值（315样本）

产区	项目	均值 Mean	最小值 Min	最大值 Max	极差 Range	方差 Variane	标准差 SD	变异系数 CV（%）	95% 置信区间
大武口	低产田	8.79a	8.11	9.13	1.02	0.006	0.045	0.009	8.20~8.86
	高产田	8.72ab	8.04	9.11	1.07	0.007	0.086	0.009	8.13~8.86
芦花台	低产田	8.41d	8.23	8.78	0.55	0.022	0.127	0.016	8.25~8.53
	高产田	8.40d	8.20	8.85	0.65	0.007	0.099	0.011	8.23~8.65
贺兰山沿山	低产田	8.36d	8.17	8.64	0.47	0.014	0.134	0.004	8.21~8.54
	高产田	8.36d	8.13	8.68	0.55	0.006	0.125	0.009	8.16~8.54
黄羊滩	低产田	8.45cd	8.35	8.75	0.40	0.115	0.246	0.019	8.37~8.67
	高产田	8.54bc	8.37	9.14	0.77	0.023	0.009	0.014	8.37~9.11
玉泉营	低产田	8.57bc	8.23	9.06	0.83	0.116	0.087	0.002	8.36~8.96
	高产田	8.57bc	8.30	9.13	0.83	0.007	0.066	0.004	8.31~8.99
青铜峡	低产田	8.64b	8.27	9.19	0.92	0.142	0.123	0.111	8.29~9.11
	高产田	8.61b	8.33	9.09	0.76	0.111	0.142	0.009	8.33~9.00
红寺堡	低产田	8.55bc	8.13	8.67	0.54	0.012	0.099	0.007	8.20~8.57
	高产田	8.50c	8.06	8.74	0.68	0.004	0.121	0.009	8.14~8.65

注：不同处理间多重比较在5%水平下进行。

2. 不同种植年限土壤 pH 值

表4-4 不同种植年限葡萄园土壤pH值 （108样本）

年限	土层深度	pH 值
2 年	0~20 cm	8.56b
	20~40 cm	8.63a
	40~60 cm	8.62a
5 年	0~20 cm	8.54b
	20~40 cm	8.55b
	40~60 cm	8.55b
8 年	0~20 cm	8.54b
	20~40 cm	8.53b
	40~60 cm	8.53b

注：不同处理间多重比较在5%水平下进行。

由表 4-4 可知，定植初期酿酒葡萄土壤 pH 值较高，随着灌溉量的增加以及大量酸性肥料和有机质的投入，定植一段时间后，栽培对葡萄园土壤 pH 值的降低有一定促进作用。受根系分泌物、肥料投入、农艺措施等影响，定植 8 年的葡萄园 pH 值较定植 5 年略低，但差异不显著，不同土层 pH 值基本维持在 8.54 左右。

3. 酿酒葡萄园土壤 pH 值空间异质性

成土母质、生态气候和耕作都会影响着土壤酸碱度，由表 4-2 可知，贺兰山东麓酿酒葡萄园土壤 pH 值平均在 8.31 以上，达到强碱性水平，最小值为表层的 8.00，最大值为 40~60 cm 的 9.28。不同深度土壤差异不显著，95% 置信区间很窄，且变异系数很小，说明该地区土壤 pH 值是地质过程主导下的特征反应。

土壤 pH 值是很多化学性质，特别是盐基状况的综合反映。高 pH 值易引起磷、钙、镁及金属微量营养元素的缺乏。由图 4-1 可知，pH 值分布显著偏右，反映出地质过程主导的强碱化倾向。

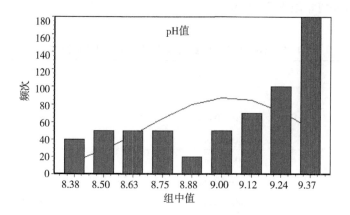

图4-1　酿酒葡萄园pH值频次分布图

二、贺兰山东麓酿酒葡萄园土壤全盐

1. 不同小产区土壤全盐

贺兰山东麓洪积扇末端局部低洼地以及山前洪积扇缘泉水溢出地区常有盐渍化土壤形成，严重影响农业生产和区域生态环境的改善。贺兰山山麓土壤形成过程中的低有机质积累和强钙化作用使得土壤剖面中的可溶性成分含量较低，盐分含量会随着化学肥料投入水平的增加而增加。由表4-5可知，贺兰山东麓主产区全盐含量均达不到盐化土壤的水平。大武口和芦花台产区正好位于洪积扇末端水分聚集区，该产区全盐含量普遍较高，最大值达到 0.79 g·kg^{-1}，平均达到 0.41 g·kg^{-1} 以上；其他产区全盐含量均在 0.35 g·kg^{-1} 以下，差异不显著，且不同产量水平田块内土壤全盐含量差异不显著。青铜峡产区土壤类型变异较大，地形起伏较大，变异系数较高，其他产区变异程度较低。大武口产区由于施肥量较大，全盐含量相对最高，芦花台基地灌淤土上的全盐含量变异系数最低，含量也最高，表明该地区获得高产的途径并非完全依赖化肥，土壤类型本身和改良措施也是高肥力的重要因素。

表4-5　不同小产区土壤全盐（315样本）　（g·kg^{-1}）

产区	项目	均值 Mean	最小值 Min	最大值 Max	极差 Range	方差 Variane	标准差 SD	变异系数 CV（%）	95% 置信区间
大武口	低产田	0.42a	0.24	0.76	0.52	0.007	0.03	11.33	0.24~0.56
	高产田	0.40a	0.22	0.79	0.57	0.009	0.12	14.27	0.20~0.62

（续表）

产区	项目	均值 Mean	最小值 Min	最大值 Max	极差 Range	方差 Variane	标准差 SD	变异系数 CV（%）	95% 置信区间
芦花台	低产田	0.42a	0.39	0.77	0.38	0.030	0.16	25.75	0.42~0.72
	高产田	0.41a	0.37	0.74	0.37	0.010	0.03	6.57	0.48~0.53
贺兰山沿山	低产田	0.27c	0.23	0.33	0.10	0.001	0.03	9.22	0.25~0.30
	高产田	0.28c	0.15	0.35	0.20	0.017	0.02	22.17	0.15~0.27
黄羊滩	低产田	0.32bc	0.28	0.46	0.18	0.001	0.03	7.07	0.31~0.44
	高产田	0.35b	0.30	0.58	0.23	0.014	0.12	24.01	0.41~0.56
玉泉营	低产田	0.32bc	0.25	0.64	0.39	0.019	0.13	22.36	0.23~0.51
	高产田	0.29c	0.24	0.56	0.32	0.009	0.09	16.18	0.33~0.55
青铜峡	低产田	0.32bc	0.30	0.38	0.08	0.045	0.21	33.80	0.32~0.36
	高产田	0.28c	0.27	0.39	0.12	0.118	0.34	44.05	0.30~0.39
红寺堡	低产田	0.29c	0.15	0.36	0.21	0.015	0.22	6.35	0.17~0.25
	高产田	0.26c	0.10	0.37	0.27	0.013	0.04	5.34	0.15~0.32

注：不同处理间多重比较在5%水平下进行。

2. 不同种植年限土壤全盐

表4-6　不同种植年限葡萄园土壤全盐（108样本）　　　$(g \cdot kg^{-1})$

年限	土层深度	全盐
2年	0~20 cm	0.34a
	20~40 cm	0.32ab
	40~60 cm	0.29b
5年	0~20 cm	0.35a
	20~40 cm	0.30b
	40~60 cm	0.32ab
8年	0~20 cm	0.32ab
	20~40 cm	0.29b
	40~60 cm	0.30b

注：不同处理间多重比较在5%水平下进行。

由表4-6可知，不同定植年限内酿酒葡萄园土壤全盐含量差异不显著，受灌溉和水分运动影响，表层含量略高次表层和底层。长期含盐离子的化学肥料投入并未增加土壤全盐含量，全盐含量基本维持在 0.29~0.35 g·kg^{-1}，远低于盐渍化标准，长期施肥及灌溉不会造成葡萄园次生盐渍化。

3. 酿酒葡萄园土壤全盐空间异质性

由表4-2可知，贺兰山东麓全盐最低值仅为 0.14 g·kg^{-1}，土壤盐渍化程度较低，最高值为 20~40 cm 的 0.79 g·kg^{-1}。表层土壤受灌溉和耕种方式的影响，变异系数较低，部分区域次表层和底层零星分布少量底盐红黏土，但整体不高。不同土层全盐含量差异不显著，表层全盐含量平均仅 0.32 g·kg^{-1}，远低于盐渍化水平（＞1 g·kg^{-1}），不会对酿酒葡萄栽培带来盐渍化危害。20~40 cm 和 40~60 cm 的全盐含量 2 倍于平均值的极差值表明局部低洼地带是极易积水区域，需防止次生盐渍化的发生，避免土壤资源的退化。

盐分含量也是土壤主要的化学环境因素，对植物的生长及土壤中的许多物理、化学过程产生深刻影响。贺兰山东麓酿酒葡萄园土壤盐分组成以硫酸盐和氯化物为主。包括硫酸盐盐土和氯化物—硫酸盐盐土，前者的毒性低于后者，因而，前者的盐害相对较小，作物受害较轻。由图4-2可知，显著偏左的全盐分布图反映出低离子代换特征，该类土壤供肥性和保肥性都很差，施肥过程中讲求少量多次。

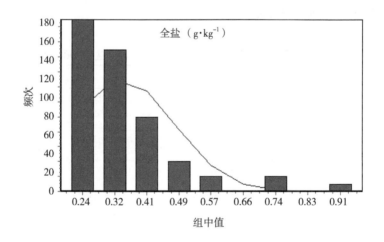

图4-2　酿酒葡萄园全盐频次分布

三、贺兰山东麓酿酒葡萄园土壤有机质

1. 不同小产区土壤有机质

由表 4–7 可知，不同产区土壤有机质含量差异显著，所有区域的高产葡萄园的有机质含量均显著高于低产葡萄园，由此可见，在土壤贫瘠的贺兰山东麓，要想获得高产，选择有机培肥提高土壤地力是最必要的途径。芦花台基地有机质含量最高，对应的酿酒葡萄产量也最高，常年产量稳定在 22.5 t·hm^{-2} 左右，而有机质缺乏的贺兰山沿山产区，常年产量仅 6.0 t·hm^{-2}，再次表明了有机质对酿酒葡萄高产的必要性。芦花台基地不仅有机质含量高，而且变异系数小，95%置信区间在 17.09~19.10，田块间差异不大，能实现持续稳产。其他主产区有机质变异系数均较大，部分产区超过了 40%，而且平均含量低，因此年际间产量差异也较大，稳产性差。

表 4–7 贺兰山东麓酿酒葡萄主产区土壤有机质变异特征（315 样本） （g·kg^{-1}）

产区	项目	均值	最小值	最大值	极差	方差	标准差	变异系数（%）	95%置信区间
大武口	低产田	9.86g	5.45	11.34	5.89	11.42	2.03	14.35	7.68~10.65
	高产田	10.29f	9.54	13.36	3.82	7.56	1.47	16.62	9.79~13.31
芦花台	低产田	14.46c	11.96	17.36	5.4	5.63	2.37	16.40	12.96~15.97
	高产田	18.1a	15.55	20.45	4.9	2.50	1.58	8.74	17.09~19.10
贺兰山沿山	低产田	7.39h	5.53	11.18	5.65	8.73	2.95	35.24	6.51~10.26
	高产田	11.57e	9.46	15.42	5.96	31.97	5.65	36.33	9.97~14.16
黄羊滩	低产田	9.05g	5.56	12.34	6.78	16.05	4.01	44.25	6.51~11.60
	高产田	13.06d	10.01	16.36	6.35	12.49	3.53	27.05	10.82~15.31
玉泉营	低产田	12.07de	7.69	16.01	8.32	32.62	5.71	47.30	8.45~15.70
	高产田	16.51b	11.14	20.22	9.08	70.00	8.37	50.65	11.20~19.84
青铜峡	低产田	9.10g	5.95	12.37	6.42	15.55	3.94	43.34	6.59~11.61
	高产田	13.02d	9.40	17.25	7.85	31.81	5.64	43.32	9.44~16.60
红寺堡	低产田	10.36f	8.43	12.45	4.02	13.82	3.09	24.36	8.01~13.37
	高产田	12.24de	11.36	14.35	2.99	11.62	4.21	18.21	12.26~14.27

注：不同处理间多重比较在5%水平下进行。

2. 不同种植年限土壤有机质

表4-8　不同种植年限葡萄园土壤有机质（108样本）　（g·kg⁻¹）

年限	土层深度	有机质
2 年	0~20 cm	11.35c
	20~40 cm	11.26c
	40~60 cm	10.34d
5 年	0~20 cm	14.46b
	20~40 cm	14.31b
	40~60 cm	11.25c
8 年	0~20 cm	16.35a
	20~40 cm	14.39b
	40~60 cm	12.20c

注：不同处理间多重比较在5%水平下进行。

由表 4-8 可知，不同定植年限内酿酒葡萄园土壤有机质含量差异显著，定植时间越长，人为投入有机物质越多，土壤有机质含量越高。酿酒葡萄出土和埋土深度一般在 40 cm 左右，受出土埋土扰动影响，表层和次表层含量差异不显著，显著高于底层土壤。刚定植 2 年的葡萄园土壤有机质最低，长期的有机物料投入增加了土壤有机质的含量，但定植 8 年的酿酒葡萄园土壤有机质最高仅为 16.35 g·kg⁻¹，仍处于有机质缺乏的四级等级范围内，若想维持持续的稳产和高品质，必须持续加大有机肥的投入量。

3. 酿酒葡萄园土壤有机质空间异质性

土壤有机质是土壤养分的主要来源，可以改善土壤物理结构，促进植物的生长发育，改善土壤微生物活性，提高土壤肥力和缓冲能力，并具有激活土壤矿质元素的功能。贺兰山东麓酿酒葡萄栽培区土壤有机质含量统计特征及频次分布见表 4-2 和图 4-3。

由表 4-2 知，土壤有机质含量随着土层深度增加而降低，表层显著高于次表层和底层，其平均含量为 6.43 g·kg⁻¹，属五级缺乏水平（6~10 g·kg⁻¹）。次表层和底层土壤有机质平均含量为 4.46 g·kg⁻¹ 和 4.01 g·kg⁻¹，远低于中国土壤有机质肥力六级分级制最低水平（< 6 g·kg⁻¹），变异系数超过 12% 以上，95% 的置信范围很窄，反映出贺兰山东麓酿酒葡萄园土壤有机质肥力水平低下，且具有表聚性。极差相对平均值较小，说明酿酒葡萄栽培者十分重视提升土壤有机质水平，大面积开始投入补充有机肥，提升土壤有机质。图 4-3 再次清晰反映出酿酒葡萄园基础土壤有机质分布整体偏左，频次最高的出现在 2.49 g·g⁻¹，表明

整体肥力水平低下，需大量补充有机质。

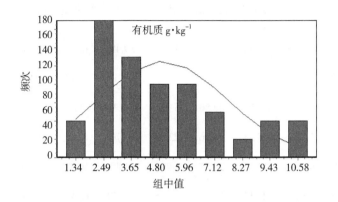

图4-3　酿酒葡萄园有机质频次分布

四、贺兰山东麓酿酒葡萄园土壤氮素含量

1. 不同小产区土壤氮素含量

土壤速效养分是反映土壤养分供应强度的重要指标，其含量高低在很大程度上决定了作物对养分的吸收情况，同时也直接关系到作物的产量和产品的品质高低。

由表 4-9 可知，所有主产区土壤碱解氮含量均低于 50 mg·kg^{-1}，最低仅为 13.48 mg·kg^{-1}，氮肥水平属于极低。所有低产田碱解氮含量均低于高产田，由此可见，在贫瘠土壤上碱解氮含量的高低可以影响酿酒葡萄的产量高低，各产区方差和变异系数均较大，由此可见，碱解氮的空间分布差异显著。

表4-9　贺兰山东麓酿酒葡萄主产区土壤碱解氮变异特征（315样本）　　（mg·kg^{-1}）

产区	项目	均值	最小值	最大值	极差	方差	标准差	变异系数 CV（%）	95% 置信区间
大武口	低产田	25.32de	9.39	29.56	20.17	15.39	7.64	20.26	15.45~28.83
	高产田	34.29bc	18.46	40.28	21.82	18.47	9.45	26.41	22.24~38.87
芦花台	低产田	26.87d	11.94	35.57	23.63	106.59	10.32	38.43	20.31~33.43
	高产田	46.73a	26.45	66.76	40.31	212.37	14.57	31.18	37.48~55.99
贺兰山沿山	低产田	13.48g	4.48	22.65	18.17	47.38	6.88	51.19	9.07~17.82
	高产田	16.39f	8.34	35.47	27.13	112.30	10.59	56.17	12.13~25.59

（续表）

产区	项目	均值	最小值	最大值	极差	方差	标准差	变异系数 CV（%）	95%置信区间
黄羊滩	低产田	24.59de	18.54	32.65	14.11	39.48	6.28	18.17	20.59~28.58
	高产田	36.88b	19.52	53.62	34.1	546.18	23.37	49.86	22.03~41.73
玉泉营	低产田	22.31e	15.52	48.86	33.34	370.33	19.24	36.79	20.08~44.53
	高产田	34.02c	25.33	48.96	23.63	46.70	6.83	15.53	29.68~48.36
青铜峡	低产田	18.59ef	11.49	25.57	14.08	84.40	9.18	49.45	12.74~24.42
	高产田	44.02ab	24.12	60.37	36.25	303.39	17.42	39.57	32.95~55.09
红寺堡	低产田	34.22c	28.35	39.76	11.41	45.37	8.88	20.56	30.32~38.95
	高产田	36.25b	30.33	45.56	15.23	39.56	10.37	23.83	33.37~44.24

注：不同处理间多重比较在5%水平下进行。

2. 不同种植年限土壤氮素含量

表4-10　不同种植年限葡萄园土壤氮素（108样本）

年限	土层深度	碱解氮（mg·kg^{-1}）	全氮（g·kg^{-1}）
2 年	0~20 cm	11.35c	0.22b
	20~40 cm	11.26c	0.32ab
	40~60 cm	10.34d	0.36a
5 年	0~20 cm	14.46b	0.27b
	20~40 cm	14.31b	0.33ab
	40~60 cm	11.25c	0.35a
8 年	0~20 cm	16.35a	0.26b
	20~40 cm	14.39b	0.37a
	40~60 cm	12.20c	0.36a

注：不同处理间多重比较在5%水平下进行。

　　土壤全氮含量受土壤肥力、氮肥投入、作物氮素吸收等综合因素影响，由表4-10可知，表层酿酒葡萄吸收根分布区全氮含量最低，不同定植年限内酿酒葡萄园土壤全氮含量差异不显著，均在 0.37 g·kg^{-1} 以下，定植前期土壤本身供氮能力较弱，定植后期葡萄根系消耗氮含量较高，每年人工投入的氮肥量与植物消耗的量基本持平，因此不同年限之间全氮含量差异不显著，但整体而言全氮含量极低，仍处于缺乏的等级范围内，若想确保酿酒葡萄的健康发育，必须有序地补充氮肥。

3. 酿酒葡萄园土壤氮素空间异质性

作为重要的生命物质之一，土壤氮素来源广泛，除了极小部分来自大气降雨外，还有一部分来自土壤母质，土壤中的氮素绝大多数以有机态化合物贮藏在土壤有机质中。由表 4-2 可看出，表层土壤全氮平均仅 0.19 g·kg^{-1}，仅相当于中国土壤全氮六级分级最低水平（< 0.5 g·kg^{-1}）的 38%，次表层和底层土壤略高于表层，但差异不显著，但同属最低分级水平。部分区域底层土壤最下层仅为 0.08 g·kg^{-1}，含氮量极低，只有极少部分区域达到二级水平（1.5~2.0），表现出极其微弱的供氮潜力和贫瘠特征。由图 4-4 知，土壤全氮分布极显著偏左，即使栽培数年连年施肥耕作，全氮仍然低于六级低水平。

土壤碱解氮是土壤中可供植物吸收的速效氮素的综合反应，其高低取决于土壤全氮含量、有机质含量及有机氮的矿化速度等。由表 4-2 可知，表层土壤碱解氮平均为 13.15 mg·kg^{-1} 远低于中国土壤速效氮六级分级体系最低水平（< 30 mg·kg^{-1}），次表层和底层含量更低，底层含量显著低于表层；最低仅为 4.75 mg·kg^{-1}，最高为 24.31 mg·kg^{-1}，但均低于六级水平；95% 置信区间也远低于六级水平，表明土壤速效性氮素供应能力微弱。要想获得一定的酿酒葡萄产量，必须施用速效性氮肥。表层和次表层 46% 以上的变异系数，以及极差，准确反映了该类型土壤大量施用速效性氮肥的管理手段。

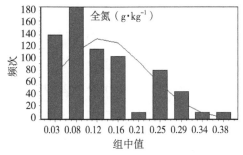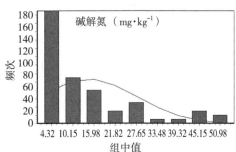

图4-4　酿酒葡萄园全氮及碱解氮频次分布

图 4-4 也说明，碱解氮含量显著左偏，且弱有机氮积累于表层，半灌木有

机残体中的有机氮量少且很难降解，速效氮供应水平极低。合理施用化学氮肥是该土壤类型获得一定酿酒葡萄产量的前提和保障。

五、贺兰山东麓酿酒葡萄园土壤磷素含量

1. 不同小产区土壤磷素含量

从表4-11发现，贺兰山东麓主产区葡萄园不同产区土壤有效磷差异较大，贺兰山沿山和玉泉营基地风沙土壤的含量较低，其他产区含量总体上高于 20 mg·kg^{-1}，有效磷含量属于较高水平。进一步对比发现，低产葡萄园土壤有效磷含量显著低于高产葡萄园，由此可见，有效磷含量高低与酿酒葡萄产量呈正相关，青铜峡和黄羊滩有效磷水平较其他产区高，极差与方差也最大，考虑到青铜峡产区大量的肥料投入水平可知，施用的速效性磷肥在土壤中大量累积后，并不能迅速被葡萄吸收利用，因此能迅速提高土壤的有效磷储量。

表4-11 贺兰山东麓酿酒葡萄主产区土壤有效磷变异特征（315样本）（mg·kg^{-1}）

产区	项目	均值	最小值	最大值	极差	方差	标准差	变异系数 CV（%）	95% 置信区间
大武口	低产田	26.08cd	12.26	38.36	26.10	45.75	7.56	21.09	15.25~36.36
	高产田	33.31c	20.83	46.59	25.76	68.72	12.35	30.31	25.24~44.47
芦花台	低产田	22.63cd	15.59	32.27	16.68	24.26	4.92	22.25	19.00~25.26
	高产田	26.87cd	18.88	48.53	29.65	141.34	11.89	44.24	19.32~34.43
贺兰山沿山	低产田	13.48d	9.06	30.06	21.00	47.38	6.88	51.19	9.07~17.82
	高产田	16.39d	10.35	32.20	21.85	112.30	10.59	56.17	12.13~25.59
黄羊滩	低产田	39.62bc	30.03	60.35	30.32	155.35	12.46	31.46	31.69~47.54
	高产田	43.86b	32.27	80.26	47.99	430.09	20.74	47.28	27.92~59.80
玉泉营	低产田	14.32d	6.65	30.09	23.44	54.84	7.41	51.71	9.62~19.03
	高产田	29.77c	15.38	44.42	29.04	142.87	11.95	40.15	22.17~37.37
青铜峡	低产田	36.37bc	14.26	60.39	46.13	370.87	19.26	52.95	24.14~48.61
	高产田	65.06a	45.35	120.37	75.02	835.71	28.91	44.43	46.69~83.43
红寺堡	低产田	30.35c	11.17	40.65	29.48	88.93	5.69	35.03	15.53~38.58
	高产田	37.63bc	13.64	52.46	38.82	93.65	12.34	28.81	20.26~50.17

注：不同处理间多重比较在5%水平下进行。

2. 不同种植年限土壤有效磷含量

该区域土壤全磷含量主要取决于当地富含磷灰石的成土母质影响，耕作及后期管理对土壤全磷影响较小，但土壤中的速效磷部分被葡萄吸收利用，部分被固定钝化，因此定植时间越长，土壤全磷含量则越高。由表4-12可知，除定植8年的表层土壤全磷显著增加外，酿酒葡萄0~60 cm耕作层内土壤全磷差异不显著，随着种植年限的增加，全磷含量有所增加，但差异不显著。定植2年的葡萄园土壤有效磷含量最高仅为9.02 mg·kg⁻¹显著低于定植5年和8年的葡萄园。施肥补充了大量的速效磷，同时葡萄根系也消耗了大量的有效磷，当定植5年后投入与消耗基本持平，土壤有效磷含量不会随种植年限增加而增加。

表4-12　不同种植年限葡萄园土壤磷素（108样本）

年限	土层深度	有效磷（mg·kg⁻¹）	全磷（g·kg⁻¹）
2年	0~20 cm	8.93d	0.21b
	20~40 cm	8.75d	0.24b
	40~60 cm	9.02d	0.29b
5年	0~20 cm	24.29c	0.25b
	20~40 cm	32.47b	0.25b
	40~60 cm	20.54c	0.21b
8年	0~20 cm	29.97bc	0.39a
	20~40 cm	38.85a	0.28b
	40~60 cm	21.14c	0.24b

注：不同处理间多重比较在5%水平下进行。

3. 酿酒葡萄园土壤磷素空间异质性

土壤全磷由有机磷和无机磷两类构成。因有机质匮乏，无机磷无疑是全磷的主要成分。由表4-2可知，全磷平均值达到0.27 g·kg⁻¹，达到了中国土壤全磷六级分级中的五级水平（＜0.2~0.4 g·kg⁻¹），且变异系数远小于全氮的变异，反映出全磷主要由富含磷灰石的成土母质深刻影响。

图4-5进一步表明全磷含量显著左偏。而磷具有累积特性，多年耕种施肥后，部分酿酒葡萄园土壤全磷水平可以达到三级中等水平。

土壤有效磷是植物所需的重要营养元素，其含量是衡量磷素供应的指标，主要受土壤物质组成和化学性质的影响。

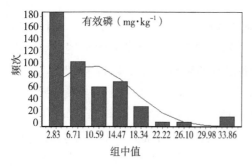
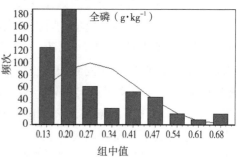

图4-5 酿酒葡萄园土壤全磷及有效磷频次分布

由表4-2可知，表层土壤有效磷平均值为11.55 mg·kg^{-1}，达到了中国土壤有效磷六级分级中的三级水平（10~20 g·kg^{-1}），表层和次表层差异不显著，但显著高于底层。与土壤速效氮相比，有效磷供应水平较好。但95%置信范围很窄，说明原始土壤有效磷供应水平受限。38%的变异系数则表明了有效磷含量水平典型受磷肥施用的影响。

由图4-5可知，有效磷分布极显著左偏；但连年施用磷素化肥后，有效磷供应水平可以大大提升至二级水平。

六、贺兰山东麓酿酒葡萄园土壤钾素含量

1. 不同小产区土壤速效钾含量

表4-13 贺兰山东麓酿酒葡萄主产区土壤速效钾变异特征（315样本）（mg·kg^{-1}）

产区	项目	均值	最小值	最大值	极差	方差	标准差	变异系数CV（%）	95%置信区间
大武口	低产田	76.42	36.54	123.77	87.23	178.68	16.55	18.38	48.96~111.17
	高产田	89.95	66.55	149.67	83.12	245.24	20.37	22.24	70.36~138.36
芦花台	低产田	190.00	125.53	260.29	134.76	1 587.20	39.77	20.93	164.73~215.27
	高产田	142.12	88.86	222.53	133.67	420.45	20.51	14.39	129.47~155.53
贺兰山沿山	低产田	30.83	18.89	49.67	30.78	190.15	13.79	44.72	22.07~39.59
	高产田	96.08	60.54	155.62	95.08	1 550.60	39.38	40.91	71.23~121.27

（续表）

产区	项目	均值	最小值	最大值	极差	方差	标准差	变异系数 CV（%）	95% 置信区间
黄羊滩	低产田	70.00	30.38	80.89	50.51	127.27	11.28	16.12	62.83~77.16
	高产田	58.33	40.23	77.77	37.54	196.97	14.03	24.06	49.41~67.25
玉泉营	低产田	77.50	55.68	90.56	34.88	111.40	10.55	13.62	70.79~84.20
	高产田	110.83	60.96	180.38	119.42	2 190	46.79	42.22	81.09~140.57
青铜峡	低产田	112.50	68.79	146.64	77.85	965.90	31.08	27.63	92.75~132.24
	高产田	226.67	142.24	389.88	247.64	132.32	115.08	50.77	153.55~299.78
红寺堡	低产田	88.38	66.46	111.97	45.51	186.75	19.96	32.24	70.36~109.90
	高产田	101.54	89.65	203.61	113.96	199.37	22.24	29.72	95.45~155.65

注：不同处理间多重比较在5%水平下进行。

由表4-13可知，定植时间较短的贺兰山沿山产区和黄羊滩产区土壤速效钾含量较低，低于 100 mg·kg^{-1}，属于较低钾肥力水平；红寺堡和大武口产区属新产区，定植年限更短，有效钾含量也较低；青铜峡产区由于肥料投入高，高产田达到了 226.67 mg·kg^{-1} 的高钾肥力水平；芦花台产区长期施用有机肥及钾肥后其速效钾也达到了较高水平。芦花台产区和黄羊滩基地的高产葡萄园速效钾含量均低于低产葡萄园，贺兰山沿山和青铜峡产区除外，贺兰山沿山低产田速效钾仅为 30.83 mg·kg^{-1}，芦花台低产田含量则高达 190.00 mg·kg^{-1}，在肥力较低的区域，低产田速效钾被葡萄吸收利用较少，而高产田为了获得更高产量，葡萄对速效钾的吸收较多，因此导致了低产田速效钾含量高于高产田含量的现象，肥力较高的青铜峡和贺兰山沿山基地则恰恰相反，其低产田肥力水平足以满足葡萄养分需求，因此高产田速效钾含量残留较高。芦花台产区低产田土壤速效钾含量最高，变异系数也最小，由此可知，要想获得酿酒葡萄的高产，增加土壤本身速效钾含量较增施钾肥效果更明显。

2. 不同种植年限土壤速效钾含量

土壤速效钾含量变化能很好的表征植物对养分的吸收情况，由表4-14可知，随着种植年限增加，土壤速效钾含量也随之显著增加。葡萄属喜钾作物，在果实膨大期后对钾素需求量较大，随着钾肥的持续补充，土壤速效钾含量也随之显著增加。尤其表层和次表层显著高于底层，不同定植年限内 40~60 cm 土层速效钾差异不显著。

表4-14　不同种植年限葡萄园土壤速效钾（108样本）

年限	土层深度	速效钾（mg·kg⁻¹）
2年	0~20 cm	78.35c
	20~40 cm	106.26b
	40~60 cm	65.97c
5年	0~20 cm	108.35b
	20~40 cm	114.28b
	40~60 cm	78.66c
8年	0~20 cm	176.29a
	20~40 cm	154.53a
	40~60 cm	82.47c

注：不同处理间多重比较在5%水平下进行。

3.酿酒葡萄园土壤钾素空间异质性

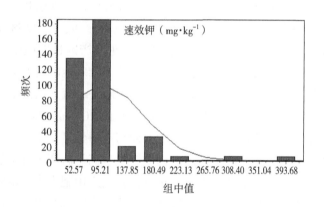

图4-6　酿酒葡萄园土壤速效钾频次分布

　　土壤中速效钾也是植物营养所需的重要元素，其含量的高低也是反映土壤养分丰缺的重要指标。由表4-2可知，土壤速效钾含量随着土层深度增加而降低，表层土壤高达170.98 mg·kg⁻¹，达到二级水平，次表层则达到三级水平，底层也达到了四级水平，该区速效钾最高达到280.55 mg·kg⁻¹，最低也超过54.62 mg·kg⁻¹，与速效氮、磷相比，有效钾含量相对丰富，变异系数较小。

58

图 4-6 反映出原始土壤有效钾含量分布显著左偏，但达到较高的四级－三级水平。而 5 倍于平均值的极差，反映出生产中重视施用速效性钾肥的实际效应。酿酒葡萄为典型的喜钾作物，施钾肥对增加葡萄产量，改善葡萄品质有显著作用。但部分区域速效钾过高是盲目施钾肥的结果。对于严重漏水漏肥的粗质地土壤而言，生产中的大水漫灌无疑是导致钾素浪费的根源。

七、贺兰山东麓酿酒葡萄园土壤中微量元素

1. 不同小产区土壤中微量元素

表4-15　贺兰山东麓酿酒葡萄主产区土壤中微量元素（315样本）　（mg·kg^{-1}）

产区	项目	有效钙	有效镁	有效铁	有效锰	有效铜	有效锌
大武口	低产田	366.63f	47.23e	2.44d	3.03ab	0.09d	0.69c
	高产田	369.96f	50.35e	2.96cd	3.22a	0.08d	0.88a
芦花台	低产田	382.65	50.53e	5.53a	1.93cd	0.86a	0.55d
	高产田	406.94f	49.25e	5.55a	1.17d	0.85a	0.73b
贺兰山沿山	低产田	725.34d	66.27e	2.33d	1.00d	0.06d	0.44e
	高产田	771.16d	65.54e	2.17e	0.99d	0.07d	0.56d
黄羊滩	低产田	812.22c	80.85c	3.52bc	2.22c	0.54b	0.42e
	高产田	832.39c	88.83c	3.16c	2.21c	0.36c	0.44e
玉泉营	低产田	833.27c	83.37c	3.77bc	2.56bc	0.46bc	0.76b
	高产田	914.25b	85.52c	3.24c	2.59bc	0.62b	0.59d
青铜峡	低产田	925.37b	99.34b	4.44b	2.78b	0.38c	0.38e
	高产田	1 018.35a	110.07a	4.26b	2.54bc	0.27cd	0.76b
红寺堡	低产田	502.44e	88.35c	5.07ab	3.13ab	0.22cd	0.88a
	高产田	521.17e	99.29b	5.11ab	3.09ab	0.24cd	0.89a

注：不同处理间多重比较在5%水平下进行。

不同产区间的成土条件差异导致土壤中微量元素含量高低也存在显著差异，由表4-15可知，以灰钙土和淡灰钙土分布为主的青铜峡产区土壤有效钙和有效镁含量最高，其次为玉泉营和黄羊滩产区，芦花台和大武口产区含量最低，同一产区不同产量水平葡萄园内土壤中微量元素差异不显著；土壤pH值较低的芦花台和红寺堡产区有效铁显著高于其他产区，贺兰山沿山和大武口产区有效铁含量最低；红寺堡高产葡萄园土壤有效锰含量最高为3.09 mg·kg⁻¹，仅勉强达到四级水平，贺兰山沿山最低仅为0.99 mg·kg⁻¹，属于匮乏范围；土壤有效铜含量差异显著，贺兰山东麓土壤有效铜含量本底值较低，有效铜含量变化的差异主要来自人为的波尔多液的施用，定植年限长和病虫害发生较重的芦花台产区有效铜含量最高，而相对干旱新定植的大武口和贺兰山沿山产区则显著低于其他产区；小叶病较重的青铜峡产区的土壤有效锌含量较低，而叶片发育正常的红寺堡产区则土壤有效锌含量丰富。

2. 不同种植年限土壤中微量元素

　　土壤中的有效中微量元素一部分受环境影响固定，同时还有小部分被植物根系吸收而带走。由表4-16可知，耕作施肥方式和植物根系的吸收对土壤中量元素影响不大，不同定植年限的葡萄园土壤有效钙和有效镁差异不显著；铁和锰在土壤中的移动性较差，在本身含量较低的土壤中随定植年限的影响较小；土壤有效铜的含量一般不会受到耕作年限的增加而增加，但随着酿酒葡萄病虫害防治过程中大量富含铜离子的波尔多液的施用，定植8年后土壤有效铜显著增加；有效锌含量受植物根系吸收影响较大，定植8年后显著降低。由此可见，在酿酒葡萄病虫害防治过程中应当适当减少波尔多液的施用或采用替代农药，防止土壤铜离子增加，同时在和水肥管理中依据酿酒葡萄营养需求规律，在滴灌肥中适量补充中微量元素。

表4-16　不同种植年限葡萄园土壤中微量元素（108样本）　　（mg·kg⁻¹）

年限	有效钙	有效镁	有效铁	有效锰	有效铜	有效锌
2年	833.33a	86.24a	3.44a	2.37a	0.16b	0.85a
5年	808.28a	90.35a	3.96a	2.33a	0.24b	0.70a
8年	825.84a	82.47a	3.56a	2.14a	0.47a	0.46b

注：不同处理间多重比较在5%水平下进行。

3. 酿酒葡萄园土壤中微量元素空间异质性

　　前期研究结果发现贺兰山东麓酿酒葡萄园土壤全铁含量很高，不同层次间差异不显著，平均达到 1 052.33 mg·kg^{-1}（孙权等，2008），由表 4-2 可知，该地区土壤有效铁含量却远低于全国平均值（30 mg·kg^{-1}），也低于果树有效铁丰缺的临界值（10 mg·kg^{-1}）（全国土壤普查办公室，1998），呈现明显的缺乏状态；土壤有效锰在表层含量显著高于次表层和底层，但其含量均在临界值（7.0 mg·kg^{-1}）以下，处于极度缺乏状态。有效铜含量随剖面的加深而降低，但各层有效铜含量都在临界值（> 0.2 mg·kg^{-1}）以上，主要是葡萄栽培中长期使用波尔多液造成的结果。有效锌在表层含量为 1.20 mg·kg^{-1}，显著高于其他土层，表层以下差异不显著，除表土层外，其他土层含量均接近作物需求的临界值（0.5 mg·kg^{-1}），属缺乏状态。

第四节　讨　论

　　土壤有机质矿化过程能释放出被植物吸收利用的有效养分，形成的有机胶体可以改善土壤结构，提高土壤微生物活性与土壤保水性能。对酿酒葡萄而言，只有在有机质含量适宜的土壤上才能产出产量较高、品质较好的果实，要想获得优质的酿酒葡萄原料，葡萄园土壤有机质含量不应低于 3 g·kg^{-1}。学者（贾文竹等，2004）通过对河北省的 70 个葡萄园土壤分析发现，河北主要果园平均有机质含量达到 1.41 g·kg^{-1}，从贺兰山东麓结果来看，有机质平均含量都在 3 g·kg^{-1} 以下（表 4-2），有机质含量远小于最低的六级水平，属于典型的缺乏和极度缺乏状态，不能达到优质稳产的生产要求，需大力补充有机肥，不同产区间有机质含量变异较大，部分产区应有针对性的提升有机质含量。

　　每生产出 100 kg 葡萄果实需从土壤中吸收 0.3~0.6 kg 的 N、0.1~0.3 kg 的 P$_2$O$_5$、0.3~0.65 kg 的 K$_2$O（李翊远，1988）。土壤全氮含量为 0.71 g·kg^{-1}，有效磷含量为 20.6 mg·kg^{-1}，速效钾含量为 149.7 mg·kg^{-1} 的葡萄园土壤养分状况较为良好（陈云霞等，2006）。贺兰山东麓不同产量水平酿酒葡萄园土壤养分状况差异明显，除了不同产区和产量水平营养元素绝对数量差异外，不同营养元素之间的比例也存在较大差异，养分供应不协调。

　　在酿酒葡萄栽培过程中，农户注重氮肥的大量施用，虽然碱解氮含量明显提升，但总体含量还是显著低于全国土壤普查办公室对土壤养分的分级标准所定的六级水平（< 25 mg·kg^{-1}）。分析原因发现，贺兰山东麓砂质土壤上通气孔隙比例高，在高温通气环境下土壤有效氮大量的转化为水溶性硝态氮，并很快随着农户的大水漫灌迅速下渗迁移损失。供试土壤的全氮含量也处于最低的六级水平（< 0.5 g·kg^{-1}）。土壤有效磷含量随着定植年限的增加在不断培肥过程中明显增

加，但其肥力水平还处于低于六级的匮乏水平（＜3 mg·kg⁻¹）。高碳酸根离子在强碱性环境下，吸附了部分磷，导致有效磷含量降低，同时发现，施肥过程中对磷肥的重视程度不够，磷肥施用量不足。

贺兰山东麓地区葡萄园土壤质地较粗，一般以砂壤和砂质土为主，部分区域富含石砾，土壤中的有机物质及大量元素含量很低，其他营养元素也通常处于亏缺状态（王静芳，2007）。本研究发现，贺兰山东麓酿酒葡萄园土壤有效磷在8.82~11.55 mg·kg⁻¹，达到了中国土壤有效磷三级水平（10~20 g·kg⁻¹）。磷肥不仅能够促进酿酒葡萄根系的发育，还能提高酿酒葡萄的冬季耐寒性（孙权等，2007）。与土壤速效氮相比，有效磷供应水平较好，但95%置信区间很窄，说明原始土壤有效磷供应水平受限。38%的变异系数则表明有效磷含量水平受磷肥施用影响，大规模种植酿酒葡萄还需要进行土壤的进一步培肥。

贺兰山东麓酿酒葡萄园高产区与低产区的土壤肥力有着显著差异。受当年化肥施用水平的影响，水溶性极强的土壤速效钾、氮含量呈现出高产田低于低产田，且存在较大的变异系数，有效磷却是相反的；有机质含量最能反映酿酒葡萄园的土壤肥力水平，低产园比高产园低4 g·kg⁻¹，存在较小的变异系数。获取酿酒葡萄适度高产的最有效途径是通过有机肥的应用来增加土壤有机质含量，尽管化肥的过量施用可以增加速效氮磷钾含量，但不能达到稳产高产的效果。

土壤微量元素的储备水平是全量微量元素，在一定条件下能够体现微量养分的供应水平的是有效态微量元素的含量（陈云霞等，2006）。贺兰山东麓葡萄园土壤有效钙和有效镁含量丰富，极大地促进了优质酿酒葡萄原料的形成，而贺兰山东麓土壤处于低水平状态的微量元素直接影响植物生长发育的有效态微量元素，除了铜元素以外都比较缺乏。土壤质地、成土母质、土壤类型、有机质含量以及土壤pH值等因素都影响着土壤有效态微量元素含量的高低。在一定的pH值范围中可以限制土壤微量元素的可供性，在碱性条件下大部分微量元素的有效性会降低。另外，土壤中锰、硼、铁、锌的有效性直接或间接地受碳酸钙的影响，碳酸钙的含量和土壤中这些元素的有效性是负相关关系。在山东省泰安市的试验研究中发现（章康保等，1992），土壤中的锰、硼、铁、锌、铜在中性条件下较难活化，碳酸钙和有效态微量元素含量负相关。在一定范围内，多数有效态的微量元素随着土壤有机质含量的提高而增加（孙权等，2008），所以，施用大量的厩肥和有机物质可以有效缓解微量元素缺乏的症状。

第五节　小　结

贺兰山东麓酿酒葡萄园土壤 pH 值均在 8 以上，属强碱性，大多数土壤养分元素有效性较低。pH 值是制约该地区土壤养分活化和保持养分能力的主要因素之一。该地区土壤盐渍化程度较低，土壤盐分组成以硫酸盐和氯化物为主，葡萄受害较轻。

贺兰山东麓土酿酒葡萄土壤有机质肥力水平低下，变异系数小且具有表聚性，有机质含量随着土层深度增加而降低，需持续培肥土壤提高土壤有机质。

贺兰山东麓酿酒葡萄园土壤全氮和碱解氮明显低于中国土壤全氮六级分级最低水平，供氮潜力极其微弱，必须施用速效性氮肥。

碱性石灰性土壤上磷的专性吸附固定较强，有效性较差，土壤全磷含量仅为五级水平，有效磷达到三级水平。土壤速效钾含量相对丰富，变异系数较小，增加土壤速效钾含量是获得高产的最佳途径。

贺兰山东麓葡萄园土壤有效钙和有效镁含量丰富，极大地促进了优质酿酒葡萄原料的形成，而贺兰山东麓土壤处于低水平状态的微量元素直接影响植物生长发育的有效态微量元素，除了铜元素以外都比较缺乏。

贺兰山东麓酿酒葡萄养分含量偏低，且土壤 pH 值多为强碱性。各营养成分有极强的表聚性，说明以往施肥多在表层进行，对于深根系的酿酒葡萄栽培而言，不足以引导根系向深层土壤扩展，不利于酿酒葡萄的高产稳产。应加深开沟的深度，并多施有机肥、秸秆等，加强对土壤的改良和培肥，为酿酒葡萄的健壮生长创造条件。

第五章 贺兰山东麓酿酒
葡萄园土壤生物学特征

第一节 引 言

土壤质量可以用不同的物理、化学和生物学参数来描述。但是，微生物的数量、活性、多样性以及相关的微生物化学的过程是最重要的土壤质量部分。土壤微生物推动着土壤物质的转换和循环过程，是重要的土壤活性养分库，对维持作物的养分供应起重要作用。土壤微生物量作为土壤中物质代谢旺盛程度的指标已被国内外学者进行了广泛的研究（何振立 1997；Brookes et al., 1995；Dalal, 1998）。研究土壤微生物量，对了解土壤养分转化有重要作用。微生物量对环境变化敏感，能够较早地指示生态系统功能的变化（Powlson et al., 1987；Sparling et al., 1997）。

土壤微生物中的养分元素一般只占土壤中相应的元素含量的一小部分。但是由于大部分土壤储备的养分处在稳定或半稳定状态，活性和有效性都比较低。而微生物量中的养分则非常活跃。因此，微生物生物量碳、氮、磷及其转化速率，微生物熵，基础呼吸，微生物代谢熵，微生物氮与全氮的比值，酶活性等（He et al., 2003）几个生物学指标一直被用来作为土壤质量评价的指标。

土壤微生物量碳根据土壤微生物碳的测定值以及微生物干物质含碳量（通常为47%）进行确定，或直接用微生物碳表示（Parkinson et al., 1982）。除了碳以外，微生物体还富含较多的氮、磷，分别称为微生物氮和微生物磷（Jenkison et al., 1976；Brookes et al., 1982；Vance et al., 1987）。上述微生物和生物化学指标与土壤理化性质和生产力水平有显著相关性，对环境的变化非常敏感，并对土地利用结构（Ghoshal et al., 1995）、土壤侵蚀程度（La, 1997；Islam and Weil, 2000）、重金属污染、植被覆盖度、种植制度及石灰施用、化肥施用、耕作等农业生产活动和气候条件（温度、雨量）有积极的响应（Elliott, 1996；Dalal, 1998），从而能够指示土壤质量的细微变化（He et al., 2003）。土壤酶是土壤生态系统代谢中一个重要的动力，土壤中所有的生物和化学过程均是在酶的催化作用下完成的。诸多学者（关松荫，1989；Chantigny et al.，2000；Staddon et al.，1998；Bergstrom et al.，1998；Serra-wittling et al.，1995）认为土壤酶是从动植物活体或残体中分离释放到土壤中的具有催化作用的一类生物活性物质，土壤酶使土壤具有相似的生物组织新陈代谢的能力。土壤酶活性可以表征土壤肥力的高低和土壤的生产潜力，不同酶催化下对应的敏感肥力指标也不同。土壤微生物性质能更好地表现出土壤质量的健康指标，土壤酶活性和土壤微生物量碳、氮、磷指标反应更敏感。通过了解物种之间的特征关系、土壤微生物的数量、土壤微生物量、土壤微生物分布特征和土壤酶活性等指标可以清楚地掌握土壤微生物活性和土壤质量之间的关系。

第二节　研究方法

通过对贺兰山东麓不同产区酿酒葡萄园及不同定植年限土壤微生物区系组成、微生物量碳氮磷、土壤呼吸、土壤酶活性等分析，掌握贺兰山东麓酿酒葡萄园土壤微生物空间分布及变异特征。

具体研究方法参照第二章第三节的一、二、五。

第三节　结果与分析

一、贺兰山东麓酿酒葡萄园土壤微生物数量

1. 不同小产区土壤微生物数量

由表5-1可知，贺兰山东麓酿酒葡萄园土壤三大微生物种群数量为真菌＜放线菌＜细菌。其中，细菌占主导地位，真菌表层与下层差异巨大，高达27倍。细菌占主要地位，因此微生物类群的变化实际上由细菌类群的变化决定。细菌类群数量在各土层中占微生物总数比例均高于75%，真菌数量最少，只占细菌数量的1%左右。

在潮湿的环境和良好的土壤结构下，芦花台产区土壤微生物总量、细菌、放线菌和真菌数量均显著高于其他产区；相对干旱的贺兰山沿山产区微生物总量和活跃程度最低；大武口和红寺堡产区微生物总量介于芦花台和青铜峡之间；黄羊滩、青铜峡和玉泉营产区整体微生物数量基本相似，略高于贺兰山沿山产区。

表5-1 贺兰山东麓酿酒葡萄园主产区土壤微生物数量（315样本）

产 区	细菌 ×10⁴ 数量 No.（ind·g⁻¹）	放线菌 ×10⁴ 数量 No.（ind·g⁻¹）	真菌 ×10³ 数量 No.（ind·g⁻¹）	微生物总数 ×10⁴
大武口	223.94bc	33.28bc	12.26b	258.45bc
芦花台	398.24a	55.45a	19.98a	455.69a
贺兰山沿山	145.39d	19.37c	6.54c	165.41e
黄羊滩	168.34c	22.12c	7.96c	191.26d
玉泉营	176.42c	25.35c	8.35c	202.61d
青铜峡	189.35c	27.54c	9.98bc	211.14c
红寺堡	256.37b	39.64b	14.36b	297.45b

注：不同处理间多重比较在5%水平下进行。

2. 不同种植年限土壤微生物数量

随定植年限的增加，微生物数量有增加的趋势。由表5-2可知，2年葡萄园土地表层土壤细菌数量最低，其次为40~60 cm土层，20~40 cm次表层细菌数量最高，超过表层的2倍。定植葡萄5年后，肥料的施入促进了土壤中细菌种群的快速生长，表层细菌数量开始急剧增加，前5年随着定植年限的增加而增加，尤其定植5年后的葡萄园在高水高肥条件下，细菌数量增长了3.4倍，但8年后的表层细菌数量低于对照土壤，分析其原因为农业种植后大量的农药施用导致微生物受毒害引发的种群数量降低，葡萄定植后受耕作施肥的影响，20~40 cm的次表层土壤细菌数量显著增加。

由表5-2可知，葡萄栽培过程中不断补充各类有机物和凋落物，其木质化纤维素促进了真菌和放线菌的繁衍，肥力较好的葡萄园土壤有利于放线菌种群的发育，0~20 cm土层放线菌种群数量高于次表层和底层，不同定植年限下40~60 cm土层放线菌数量无明显差异，但由于葡萄园表层和次表层有机物质补充，表层放线菌数量随定植年限的增加迅速增加，且表层高于底层。由此可见放线菌数量在有机质丰富的土壤中较高。

由表5-2可知，真菌对逆境条件的适应性较强，生物活动直接影响真菌分布，随着种植年限增加，表层土壤真菌数量成倍显著增加，定植5年后次表层数量也迅速增加，但底层土壤真菌数量差异不显著。

表5-2 贺兰山东麓酿酒葡萄园土壤微生物数量（108样本）

年限	土壤深度（cm）	细菌 ×10⁴		放线菌 ×10⁴		真菌 ×10³		微生物总数 ×10⁴
		数量 No.(ind·g⁻¹)	百分比（%）	数量 No.(ind·g⁻¹)	百分比（%）	数量 No.(ind·g⁻¹)	百分比（%）	
2 年	5~20	106.51e	45.71	34.72cd	14.89	9.18c	3.94	142.12d
	20~40	259.55c	75.97	18.03e	5.27	6.41d	1.87	278.14c
	40~60	144.77d	64.98	25.25d	11.32	5.28e	2.37	170.43d
5 年	5~20	454.32a	71.72	29.61d	4.67	14.95b	2.36	485.40a
	20~40	327.67b	58.13	53.49b	9.47	18.26a	3.24	382.83b
	40~60	154.49d	64.77	27.35d	11.45	5.67e	2.37	182.27d
8 年	5~20	100.28e	28.60	62.77a	17.90	18.74a	5.35	164.77d
	20~40	284.73c	67.35	39.28c	9.27	9.88c	2.33	324.89bc
	40~60	159.81d	63.44	29.65d	11.75	6.25d	2.48	190.03d

注：不同处理间多重比较在5%水平下进行。

二、贺兰山东麓酿酒葡萄园土壤酶活性

1. 不同小产区土壤酶活性

干旱区土壤有机质矿化过程中，参与生物化学反应的土壤酶活性起着不可忽略的重要作用。贺兰山东麓酿酒葡萄园土壤酶活性见表 5-3。芦花台产区土壤有机质丰富，人为有机肥料投入较高，碱性磷酸酶含量最高，微生物在一定条件下能矿化含磷有机物，酿酒葡萄需磷量较大，其根系同时具备磷酸酶活性，通过施用有机肥同时加大施肥深度可以提供丰富的有机磷化合物，增强土壤磷酸酶活性。以贺兰山沿山产区为代表的区域土壤有机质矿化过程中土壤酶活性较低。不同产区间的酶活性差异较大，不同土壤酶种之间的活性差异较小，分布规律一致。

表 5-3 贺兰山东麓酿酒葡萄园土壤土壤酶活性（315 样本）

产区名称	碱性磷酸酶 PA（mg phenol·kg⁻¹ h⁻¹）	蔗糖酶 IA（mg·g⁻¹ 24h⁻¹）	脲酶 UA（NH₄⁺-N mg·kg⁻¹ 24h⁻¹）	过氧化氢酶 CA（0.1M KMn₄ mL·g⁻¹）
大武口	1.22bc	2.06c	7.57b	3.03c
芦花台	1.53a	6.45a	9.46a	4.02a

（续表）

产区名称	碱性磷酸酶 PA （mg phenol·kg⁻¹ h⁻¹）	蔗糖酶 IA （mg·g⁻¹ 24h⁻¹）	脲酶 UA （NH₄⁺-N mg·kg⁻¹ 24h⁻¹）	过氧化氢酶 CA （0.1M KMn₄mL·g⁻¹）
贺兰山沿山	1.07d	1.19d	4.64c	2.59c
黄羊滩	1.14c	2.01c	7.23b	3.12bc
玉泉营	1.19bc	2.08c	7.47b	3.24b
青铜峡	1.21bc	2.28bc	8.26ab	3.33b
红寺堡	1.28b	3.13b	9.11a	3.19b

注：不同处理间多重比较在5%水平下进行。

2. 不同种植年限土壤土壤酶活性

表5-4 贺兰山东麓酿酒葡萄园土壤酶活性（108样本）

年限	土壤深度 （cm）	碱性磷酸酶 PA （mg phenol·kg⁻¹ h⁻¹）	蔗糖酶 IA （mg·g⁻¹ 24h⁻¹）	脲酶 UA （NH₄⁺-N mg·kg⁻¹ 24h⁻¹）	过氧化氢酶 CA （0.1M KMnO₄mL·g⁻¹）
2 年	5~20	1.21bc	3.14bc	6.36d	4.35a
	20~40	1.17c	2.11c	5.47e	3.39d
	40~60	1.08d	1.06de	4.41f	3.02e
5 年	5~20	1.37b	3.88b	9.21b	4.08b
	20~40	1.15c	2.48c	8.29c	4.03b
	40~60	1.14c	0.81e	6.75d	3.23de
8 年	5~20	1.54a	7.43a	10.7a	3.76c
	20~40	1.35b	2.01c	9.98a	3.44d
	40~60	1.13c	1.59d	6.51d	2.55f

注：不同年限间多重比较在5%水平下进行（下同）。

由表5-4可知，贺兰山东麓土壤磷酸酶含量低，且呈现典型的表聚性，垂直空间内，0~20 cm土层磷酸酶活性略高，但差异不显著；随着定植时间的增加，土壤磷酸酶活性也随之增加，但40~60 cm差异不显著，是由于有机培肥过程中施肥深度主要集中在40 cm以上。

由表5-4可知，脲酶活性与土壤深度有直接关系，随着土壤深度的增加而显著降低。随着葡萄定植时间的延长，其活性在全剖面上都有显著增加，尤其

0~20 cm 和 20~40 cm 的表层和次表层更为显著，脲酶活性的增加特征与供氮量的增加是同步的，由此可知耕作过程中，氮素随水下渗是酶活性增加的主要因素之一。

不同年限内随着土壤深度增加，蔗糖酶活性均显著降低，随着定制年限增加，不同层次内蔗糖酶均显著增加，表层差异最显著。在 0~20 cm 的表层土壤差异达到显著水平。由于该地区有机肥施肥深度一般在 40 cm 以上，且植物残体补充也基本以表层为主，因此有机质具有表聚性，从营养物质循环转化规律来看，高蔗糖酶水平能促进碳、氮、磷、钾等营养元素的活化，继而提升土壤肥力。

与其他酶活性一样，过氧化氢酶活性在 0~20 cm 土层也随种植年限的增加而明显降低，土壤环境的影响下耕作和施肥模式基本是稳定的。微生物呼吸作用随着土层深度的增加而降低，过氧化氢酶随之影响也显著降低。

三、贺兰山东麓酿酒葡萄园土壤微生物量分析

1. 不同小产区土壤微生物量碳

由表 5-5 可知，贺兰山东麓土壤微生物量碳整体偏低，最高的区域为芦花台产区，最低的为贺兰山沿山产区，二者相差 3 倍以上，人为有机培肥较多的玉泉营和红寺堡产区显著高于其他产区，黄羊滩和大武口产区土壤类型多为风沙土和灰漠土，有机质含量极低，在干旱条件下极易矿化，土壤微生物量碳整体也非常低。

表5-5　贺兰山东麓酿酒葡萄园土壤微生物量碳氮磷（315样本）

产区名称	微生物量碳 MC （mg·kg⁻¹）	微生物量氮 MBN （mg·kg⁻¹）	微生物量磷 MBP （mg·kg⁻¹）
大武口	91.35c	5.48d	1.03e
芦花台	145.3a	12.15a	2.18a
贺兰山沿山	46.97d	4.75d	1.22d
黄羊滩	85.45c	7.24c	1.71c
玉泉营	99.32b	10.53b	1.71c
青铜峡	83.24c	10.42b	1.83b
红寺堡	104.24b	9.82b	1.85b

注：不同处理间多重比较在5%水平下进行。

2. 不同种植年限土壤微生物量碳

由表 5-6 可知，贺兰山东麓土壤微生物量碳含量变化于 13.76~233.23 mg·kg^{-1}，最大值为定植 8 年后的葡萄园表层土壤，最小值为定植 5 年的底层土壤，最大值为最小值的 17 倍。随着土壤深度增加，微生物碳含量也随之降低，尤其底层土壤显著低于表层和次表层。葡萄定植后，随着持续有机培肥，土壤有机质含量增加，继而导致土壤微生物碳也随之增加，随着定植年限增加，呈显著增加趋势。

2 年葡萄园土壤微生物熵整体低于定植 5 年和 8 年的葡萄园，尤其定植 8 年的微生物熵最高；定植 8 年 20~40 cm 土壤微生物熵含量最高达到 4.71%，最低的为 2 年葡萄园的 40~60 cm 土层，表层和次表层差异不显著，但明显高于底层土壤。微生物熵的减少可能是由于微生物生物量的下降或其矿化有机碳的能力下降所致，随着定植年限增加，土壤微生物熵也显著增加，该规律预示着微生物熵能够作为干旱区评价土壤质量好坏的敏感指标。作为衡量微生物活性与微生物生物量的指标之一（Brookes et al., 1995），基础呼吸速率严格意义上是指原状土壤中产生 COR$_2$R 的所有新陈代谢作用。土壤基础呼吸测定土壤碳周转速率，并能反映土壤微生物量的总体活性。由表 5-6 可知，土壤呼吸速率最高为 2 年葡萄园表土的 0.87 mg·d^{-1}，最低为 2 年葡萄园次表层的 0.28 mg·d^{-1}，分析其原因为 2 年葡萄园表层以荒漠草原植被类型为主，表层疏松，CO_2 代谢能力强，次表层受干旱和土壤紧实的影响，导致呼吸速率降低。随着植入时间的增加，表层和底层土壤呼吸速率降低，地下的则增加，分析其原因为葡萄定植开沟和埋土出土过程对土壤的扰动引起的 CO_2 代谢加强。

微生物代谢熵也称作特殊呼吸，指单位微生物生物量呼吸释放出的 CO_2 数量（Insam et al., 1996；Dalal, 1998）。代谢熵（每单位微生物量碳的基础呼吸量）也能反映微生物对底物的利用效率。由表 5-6 可知，代谢熵随着土壤深度的增加而显著增加，最大为 2 年葡萄园 40~60 cm，达到 2.29，最小的则为定植 8 年后的表层土壤，随着定植年限的增加代谢熵显著降低，意味着稳定微生物群体代谢物质的变化或微生物群体组成的变化（Insam et al., 1996），从而表明葡萄种植后微生物代谢过程中能源利用效率降低了，维持微生物活动需要消耗更多的碳源。基础呼吸速率与有机碳的比率也是土壤质量的相应指标。2 年葡萄园最高，不同年限差异较小，葡萄种植过程中土壤基础呼吸速率与有机碳的比率相应下降，意味着微生物能量利用率下降了。

表5-6　贺兰山东麓酿酒葡萄园土壤微生物量碳（108样本）

年限	土壤深度 （cm）	有机碳 OC （mg·kg^{-1}）	微生物量碳 MC （mg·kg^{-1}）	微生物熵 MQ （%）	基础呼吸 BR （mg·24h^{-1}）	代谢熵 MQ （CO$_2$/Cmic）	基础呼吸 Tc （%）
2 年	0~20	1 667.50	75.27	2.56	0.87	0.60	0.05
	20~40	1 183.20	54.45	2.27	0.28	0.98	0.02
	40~60	548.10	18.79	1.56	0.78	2.29	0.17
5 年	0~20	4 155.70	129.38	3.12	0.80	0.31	0.02
	20~40	2 902.90	83.93	2.86	0.40	0.30	0.01
	40~60	1 484.80	13.76	1.93	0.60	2.13	0.04
8 年	0~20	6 406.10	233.23	3.68	0.67	0.15	0.01
	20~40	3 140.70	147.25	4.71	0.60	0.21	0.02
	40~60	2 401.20	57.58	2.41	0.67	1.43	0.03

3. 不同小产区土壤微生物量氮

由表5-5可知，芦花台产区土壤微生物量氮显著高于其他产区，以灰钙土和淡灰钙土为主的青铜峡、红寺堡和玉泉营产区之间差异不显著，但显著高于以灰漠土、风沙土和富含砾质的淡灰钙土为主的大武口、黄羊滩和贺兰山沿山产区。

4. 不同种植年限土壤微生物量氮

表5-7可知，贺兰山东麓酿酒葡萄园微生物氮范围在 2.99~12.58 mg·kg^{-1}，最高的为定植8年果园表层为 10.42 mg·kg^{-1}，次表层和底层差别不大，都在 12mg·kg^{-1} 以上。2 年葡萄园和定植 5 年微生物氮均随深度增加而降低。

微生物氮越高，对应的微生物氮和全氮的比值并非越高，2 年葡萄园整体最高，平均在 2.44 % 以上，定植 5 年的葡萄园随土壤深度增加而减少，定植 8 年的随深度增加而增加，由此可见该比值除了考虑微生物氮的因素外，对全氮的消耗也必须考虑，2 年葡萄园微生物量氮含量最低，但其比值最高。

土壤微生物量碳 / 微生物生物量氮的比例介于 3.50~15.37，种植 8 年的表层土壤中比例最高，2 年葡萄园的底层最低，显然，补充土壤的有机物大大增加，导致土壤 Cmic/Nmic 增加。

表5-7　贺兰山东麓酿酒葡萄园土壤微生物量氮、磷（108样本）

年限	土层深度 （cm）	全氮 TN （mg·kg^{-1}）	微生物量氮 MBN （mg·kg^{-1}）	Nmic/TN （%）	Cmic/ Nmic （%）	全磷 TP （mg·kg^{-1}）	微生物量磷 MBP （mg·kg^{-1}）	Pmic/TP （%）
2 年	0~20	427.00	9.82	2.61	8.35	235.00	1.71	0.83
	20~40	212.50	4.75	2.44	8.17	134.00	1.22	0.91
	40~60	110.00	2.99	2.72	3.50	122.00	0.28	0.23
5 年	0~20	705.00	10.53	2.50	9.52	224.50	1.85	0.88
	20~40	541.50	5.48	1.02	7.64	290.00	1.83	0.32
	40~60	309.00	2.19	0.73	4.74	138.50	1.71	1.24
8 年	0~20	893.50	10.42	1.15	15.37	383.00	3.00	0.98
	20~40	596.00	12.15	2.03	12.19	356.50	2.31	0.67
	40~60	496.00	12.58	2.56	5.77	261.50	2.18	0.81

5. 不同小产区土壤微生物量磷

微生物量磷是植物有效磷的重要来源（Chen，2000），是预测土壤供磷能力的重要指标。贺兰山东麓属强碱性石灰性土壤，其高含量的碳酸钙对磷素具有强烈的专性吸附和固定能力，继而导致磷素有效性降低。由表5-5可知，芦花台产区土壤微生物量磷显著高于其他产区，最高达到 2.18 mg·kg^{-1}，大武口产区仅为 1.03 mg·kg^{-1}，不足其一半。青铜峡产区和红寺堡产区均在 1.83 mg·kg^{-1} 以上，显著高于玉泉营黄羊滩产区的 1.71 mg·kg^{-1}。

6. 不同种植年限土壤微生物量磷

由表5-7可知，贺兰山东麓土壤微生物量磷含量在 0.28~3.00 mg·kg^{-1}，定植年限越长，微生物量磷含量越高，随着土壤深度的增加其含量也随之降低。施肥导致土壤微生物量磷显著增加。进一步分析表明，土壤微生物生物磷/全磷的比例介于 0.23%~1.24%，种植8年的表层最高，2年葡萄园的底层最低，其规律基本与 Cmic/Nmic 一致。

第四节　讨　论

土壤微生物中占主导地位的群落主要为细菌，因此，土壤微生物总量的变化规律与细菌的变化趋势相同。研究发现，葡萄定植后土壤微生物总量成倍增加，这是因为施肥灌水等活动使土壤有机质矿化速度降低，而累积程度增加，同时为微生物的活动提供了良好通风条件和的营养补充；土壤表层的水分传热比低，有利于微生物的生长繁殖，微生物总量高于次层。受干旱及风蚀双重影响，贺兰山东麓土壤矿物风化所释放出来的营养物质较少，因此微生物和生化过程中营养物质的释放在维持土壤肥力起着至关重要的作用（Yang and Insam et al., 1991）。

　　微生物熵是指微生物生物量碳与总有机碳的比率（Smith, 1988），是土壤有机碳质量的指标之一，对土壤肥力（Chen, 2000）变化敏感（Giller et al., 1998）。本研究发现代谢熵随着土壤深度的增加而显著增加，最大为 2 年葡萄园 40~60 cm 的土层，达到 2.29，最小的则为定植 8 年后的表层土壤，随着定植年限的增加代谢熵显著降低，意味着稳定微生物群体代谢物质的变化或微生物群体组成的变化（Insam et al., 1996），从而表明葡萄种植后降低了微生物代谢过程中的能源利用效率，维持微生物的活动需要消耗更多的碳源。Insam 等（1991）发现微生物呼吸消耗碳太多就会减少对植物体碳素的供应。而天然森林生态系统被耕种利用后基础呼吸速率的增加表明了土壤微生物胁迫程度的增加（Islam and Weil, 2000）。研究发现，2 年葡萄园最高，不同年限差异较小，葡萄种植过程中土壤基础呼吸速率与有机碳的比率相应下降，意味着微生物能量利用率下降了。

　　土壤微生物与土壤酶活性关系密切，酶活性高低能调节土壤微生物量和微生物呼吸，研究发现土壤过氧化氢酶、脲酶、蔗糖酶和碱性磷酸酶与土壤肥力和作物产量之间存在明显相关性。贺兰山东麓广阔区域干旱少雨，有机质匮乏，微生物碳氮磷对于养分的转化和保存受到一定的限制，但其在土壤养分转化与循环方面的独特方式确保了土壤微生物在酿酒葡萄园中的重要地位。本研究发现贺兰山东麓土壤磷酸酶含量低，且呈现典型的表聚性，葡萄根系具备磷酸酶活性，通过施用有机肥同时加大施肥深度可以提供丰富的有机磷化合物，增强土壤磷酸酶活性。有学者通过研究认为土壤酶活性与土壤养分之间无密切相关性，但少数研究证实，转化酶、磷酸酶、脲酶等与土壤肥力和作物产量之间存在一定的正相关，甚至其相关性优于土壤微生物多样性与土壤肥力之间的关系。本研究结果表明，土壤蔗糖酶、磷酸酶和脲酶活性与土壤各物理和化学因素之间相关性达到极显著关系，由此可见这些土壤酶的特殊功能可以确保在贫瘠土壤上确保酿酒葡萄的正常生长。贺兰山东麓酿酒葡萄生长旺季对于水分和养分需求量较大，由于土壤养分贫瘠，绝大多数养分缺乏，不能满足葡萄的正常生长需求，但是土壤蔗糖酶、脲酶、过氧化氢酶和碱性磷酸酶能够分解大量凋谢物和有机质并提供大量的碳、氮、磷等营养元素用于满足葡萄的生长，对促进养分的释放和土壤肥力的提升具有关键作用；然而，土壤剖面垂直分布的差异也会导致酶活性的变化，本研究得出，表土层蔗糖酶和脲酶的活性较高，酶活性均随着土层深度的增加而降低，酶活性对土壤肥力的贡献效果不明显，分析原因发现，酿酒葡萄园土壤腐殖质主要集中在表层，而葡萄的根系分布多集中在次表层和底层，酶分解和释放的营养物质多集中在表层，对根系分布区营养状况的贡献有限。要想发挥出酶活性的特点，必须确保葡萄根区也有丰富的凋落物或有机质，因此，在贺兰山东麓贫瘠土壤区应该通过保护凋落物、增施有机肥等方式提高土壤酶活性，进一步土壤养分循环和速效养分的供应。土壤脲酶活性与土壤有机质、全氮、全磷等肥力因子均存在显著或极显著相关，脲酶活性与土壤任一理化性质均不显著相关，它仅仅涉及氮素在土壤中的转化过程，其活性高低并不足以反映出土壤肥力的高低（和文祥等，1997）。本研究发现，贺兰山东麓土壤脲酶、磷酸酶和蔗糖酶均与有机质含量呈极显著正相关。土壤有机质和全氮含量随着土壤剖面深度的增加而降低，土壤脲酶和蔗糖酶活性，磷酸酶活性也随之降低。

Anderson 等（1980）统计了 14 个国家不同生态系统中微生物量碳的含量发现土壤微生物碳变化幅度为 110~2 240 mg·kg^{-2}，占土壤有机碳的 1%~5%。除土壤微生物量碳外，其他重要的土壤质量的微生物指标有微生物熵、基础呼吸速率、基础呼吸速率与有机碳比率等。本研究发现，微生物氮越高，对应的微生物氮和全氮的比值并非越高，2 年葡萄园整体最高，平均在 2.44 以上，5 年生的随深度增加而减少，8 年生的随深度增加而增加，由此可见该比值除了考虑微生物氮的因素外，对全氮的消耗也必须考虑。

微生物量氮约占土壤全氮的 1%~5%（Cheng et al.，1998），在耕地生态系统中，土壤微生物氮的变化范围是 40~385 kg·hm^{-2}，土壤微生物 C/N 的变化幅度一般为 4~11。对于强碱性的北方石灰性土壤而言，由于高量的碳酸钙对磷有强烈的专性吸附和包被作用，磷的有效性一般很低。许多学者曾报道微生物生物量磷与有效磷量的高度相关性，表明微生物生物量磷是植物有效磷的重要来源（Chen，2000），并在预测土壤供磷力上很有潜力。

微生物生物量磷与有效磷量的高度相关性，旱地土壤微生物磷量占全磷的 0.45%~4.5%（吴金水等，2003）。贺兰山东麓土壤微生物量磷含量在 0.28~3.00 mg·kg^{-1}，定植年限越长，微生物量磷含量越高。施肥导致土壤微生物量磷大大增加。土壤微生物生物磷/全磷的比例介于 0.23%~1.24%，种植 8 年的表层最高，2 年葡萄园的底层最低，其规律基本与 Cmic/Nmic 一致。微生物生物量作为土壤质量变化的指示指标，应该和土壤的基础肥力物质之间有良好的相关性。

第五节 小 结

贺兰山东麓不同小产区内土壤微生物活性及各项指标整体水平为芦花台产区＞红寺堡产区≈青铜峡产区＞玉泉营产区≈黄羊滩产区＞大武口产区＞贺兰山沿山产区。

葡萄定植后土壤微生物总量成倍增加，代谢熵随着土壤深度的增加而显著增加，但随着定植年限的增加代谢熵显著降低。

土壤脲酶和蔗糖酶的活性表层较高，脲酶、磷酸酶和蔗糖酶都与有机质含量呈极显著相关。随着土壤剖面深度的增加，土壤中脲酶、蔗糖酶和碱性磷酸酶活性显著降低。

微生物氮越高，对应的微生物氮和全氮的比值并非越高，2 年葡萄园整体最高，5 年的随深度增加而减少，8 年的葡萄园随土壤深度增加而增加。定植年限越长，微生物量磷含量越高，随着土壤深度的增加其含量也随之降低。

第六章 贺兰山东麓土壤质量与酿酒葡萄生长及品质相关性分析

第一节 引 言

葡萄果实的品质主要取决于果实的含糖量、含酸量、糖酸比、芳香物质，和果肉质地（贺普超，1999）。不同葡萄品种、栽培管理是造成葡萄果实间品质差异的最主要因素（吉艳芝等，2008）。目前多采用一些果实理化性状的参数来表现葡萄品质差异，如一般理化指标（还原糖含量、酸度、糖酸比、pH 值）和酚类物质的含量（单宁、总酚、花色苷、非花色苷酚类物质）、香气物质等指标来判定。这些物质的含量及平衡关系决定葡萄的品质（李记明，1999）。

酿酒葡萄的品质关键在于葡萄品种及产地对应的土壤及环境生态因子。土壤质地对土壤孔隙度、土壤热容性、土壤持水性、土壤养分含量和养分涵养能力均有直接影响（Lebon et al.，2006），土壤粒径与葡萄单粒重、可溶性固形物和糖酸比有显著或极显著相关关系，继而间接影响葡萄品质。一般质地疏松，容重小，且各类孔隙比例适中的土壤其通气性和水肥保持能力较强，有利于葡萄根系的发育，通常被认为是生产优质酿酒葡萄的土壤。对于砂性较强的土壤，其热容高，昼夜温差大，排水和通气性好，有利于有机质的分解和养分的积累，但同时该类土壤基本营养元素含量一般较低，且水肥保持能力差，因此该类型土壤上所产的酿酒葡萄成熟速度快，糖分含量高、酸度低、果粒相对较小，果皮偏厚，不足之处在于其芳香物质累计不如壤土持久；而富含少量砂砾的壤土或砂壤土各方面条件均适宜酿酒葡萄的生长和优质品质的形成，通常能产出优质的酿酒葡萄原料；黏土透气性差，容易导致养分吸收障碍和根部窒息，尤其干湿交替对葡萄根系极为不利，同时该类型上的产量偏高，品质较低。果实成熟周期长，糖度低且酸度偏高，糖酸比偏低（孔庆山，2004）。土壤质量及土体条件能显著影响酿酒葡萄生理特性和浆果品质，砂壤土及砂质土可以有效地提高酿酒葡萄的光合作用，继而明显促进果实中糖分、单宁、色素、风味物质的积累（李文超等，2012）。酿酒葡萄的品质形成是多种因素综合作用的结果，通过定性定量分析酿酒葡萄品质与土壤因子的相关性、灰色关联度、空间分布等，有利于针对性的为提高葡萄品质提供依据（徐淑伟，2009）。大量研究认为干旱半干旱区酿酒葡萄产区气候条件与葡萄品质有显著相关性，干旱条件并不改变葡萄果实发育过程中总酚的时空积累规律，但能促进葡萄果实中总酚的积累，特别是在果皮和果肉中，干旱土壤能明显促进多酚类物质的积累（温鹏飞等，2013）。近年来，国内外学者在酿酒葡萄的生长发育及产量品质与土壤肥力的关系上做了一些相关研究，并初步掌握了酿酒葡萄的适生环境和相关水肥需求规律。蔺海红等（2013）研究发现，当土壤有机质、硝态氮和速效钾含量处于低含量水平时，酿酒葡萄生长及品质均受到不同程度的影响。张福庆（2005）通过对天津蓟县土壤养分分析发现，高产酿酒葡萄园氮素和硼的含量处于中等水平，其他元素含量达到丰富水平，而中低产酿酒葡萄园的氮素含量则处于处于中低等水平，氮肥过高或过低均会导致红地球葡萄总酸含量增加（张小卓等，2013）。研究表明（赵永志等，2003；李淑琴等，2000）果实品质变化与花后氮素使用量有很大关系，而提高磷素含量能促进葡萄糖分的累积，增加浆果的可溶性固形物，同时明显降低总酸和可滴定酸，提高糖酸比，改善品质，磷素除了能提高土壤本身的有效磷含量以外，还能协调土壤调节葡萄对水溶性钙吸收的能力，尤其在着色期间增施钙肥和磷肥能显著提高巨峰葡萄的品质（刘淑欣等，1993），但是过多的磷素会强烈增强植物体的呼吸作用，消耗大量的糖分，降低浆果的可溶性固形物（吕忠恕，1981）。钾素一致被认为是葡萄的品质元素，在葡萄成熟期间，钾素能够氮、磷的生理过程，加强叶片的光合能力，促进淀粉转化为糖分，并增加养分的累积，因此在葡萄膨大期后补充钾素能显著提高葡萄产量和可溶性固形物（杨晓燕等，2002）。研究发现（朱本岳等，1995），巨峰葡萄膨大期增施钾肥能促进果实膨大、增加单穗重，明显促进果粒横径和纵径，而且着色均匀度和成熟颜色均有明显提升，葡萄浆果的可溶性固形物、总糖和维生素 C 含量显著增加，总酸下降；部分学者则认为钾肥施用过量尤其果实成熟后期施用钾肥会导致葡萄植株和果实内钾素累积较多，在酿造过程中酒石酸钾含量偏高，增加葡萄酒酸度（Conradie et al.，1989）；也有学者认为在同一氮肥水平下，随着施钾量的增加，可滴定酸含量的含量变化不显著，反而能显著提高浆果总糖和可溶性固形物含量，通过控制氮肥施用量，合理调节氮肥和钾肥的施用时间和施用比例能有效改善浆果品质（王探魁，2011）。

葡萄的连作会引发土壤细菌和真菌多样性的增加，同时根围的土壤微生物数量级多样性要高于非根围的土壤，严重时会出现幼苗死亡、病害多发等现象（李坤等，2009；马云华等，2005）。研究表明，土壤微生物多样性随着连作年限的增加而降低（吴凤芝等，2007），连作土壤灭菌后可以显著促进植物的生长，提高作物产量（侯永侠等，2006）。与新定植葡萄园相比，多年定植的葡萄园土壤根际细菌、真菌多样性均较高，说明微生物的种群变化与根系分泌物有很大关系（李坤等，2009）。不同种植年限葡萄根际土壤微生物中细菌占数量优势，其次为放线菌，随种植年限增加，葡萄根际土壤由"细菌型"向"真菌型"转化（张仕颖等，2015）有益微生物类群的减少和不利微生物的增加使连作葡萄正常的生命活动受到影响，且设施葡萄园土壤中生物量碳和可培养微生物均高于大田葡萄园土壤（姚慧敏等，2013）。

贺兰山东麓具有广阔的适宜优质酿酒葡萄的可开垦土地，良好的光热资源潜力、优质的土壤结构，非常有利于生产出高品质酿酒葡萄和葡萄酒。但实际生产过程中土壤因子的限制也制约着酿酒葡萄产业的可持续发展。如何定性定量的分析土壤质量因子和酿酒葡萄品质因子之间的关系，掌握影响土壤因素在酿酒葡萄风土中所占的地位和重要程度，并通过探寻影响贺兰山东麓酿酒葡萄品质的一种或几种特定优势土壤因子，将为提升该区域酿酒葡萄的种植和加工水平提供有力的科技支撑。

第二节　研究方法

通过土壤因子与酿酒葡萄生长及品质的相关性分析，确立相关性及相关程度。在此基础上选定贺兰山东麓面积最大也最典型的三种土壤（灰钙土、风沙土和灌淤土）类型上定植5年的赤霞珠作为研究对象，分析土壤类型对酿酒葡萄成熟期糖度变化、糖酸比差异、酸度的规律以及对葡萄浆果组成的影响，找出不同土壤类型上酿酒葡萄的最佳采收时期。

具体研究方法参照第二章第三节的一、二、六。

第三节　结果与分析

一、土壤物理性质与葡萄生长和品质的关系

分析7个酿酒葡萄生长及产量因子和11个土壤物理因子的相关系数可知（表6-1），容重对百叶重、叶绿素、新梢和副梢发生率等影响不大。土壤容重与酿酒葡萄根系生长有极大相关性，随着容重增加，葡萄根量及根深极显著下降，

其相关系数分别高达 –0.87 和 –0.83，产量也随之显著降低。

　　干旱区酿酒葡萄受土壤水分亏缺影响，葡萄根系需大量吸收水分，根系伸展困难的非活性孔隙含量越高，对应葡萄生长指标越差，尤其对根系数量和根系深度影响最为明显，产量呈现显著降低趋势。大量的毛管孔隙便于水分运动及葡萄根系吸收，毛管孔隙与葡萄生长指标全部呈正相关，除百叶重和叶绿素外，所有指标均达到显著相关水平，尤其与根深相关性达到极显著水平。通气孔隙决定着土壤空气的交换能力和根系的伸展范围，随着通气孔隙含量的增加，百叶重、叶绿素、新梢和副梢均有所增加，但差异不显著，根量则显著增加，根系所下扎的深度也随之极显著增加。

　　土壤团聚体数量越高，土壤结构越稳定，根系生存环境也越适宜，在贺兰山东麓整体结构较差的土壤上，< 0.25 mm 的团聚体越多，其根系反而受到抑制，数量和深度均有所下降，但差异不显著。> 0.25 mm 的团聚体，尤其 0.25~0.5 mm 的团聚体随着含量的增加，其根系伸展空间进一步增大，对应根的数量和根下扎深度也随之显著增加。其他葡萄生长指标及产量也随之增加，但差异不显著。

　　贺兰山东麓酿酒葡萄园土壤整体偏砂，砂粒含量较高，其保水保肥性能相对较弱，砂粒含量越高，产量也越低，根的数量也对应越少，考虑到葡萄正常生长水分的需求因素，在干旱条件下其根系需不断下扎以便获得更深层次水分，其根系深度却与之相反，显著增加。土壤粉粒含量与葡萄生长指标及产量对应呈正相关，粉粒含量越高，其土壤通气性和保水性越高，葡萄根系伸展越容易，对应葡萄长势也越好，考虑到该地区土壤中粉粒含量整体偏低的因素，其含量与生长指标的相关性并未达到显著水平。黏粒含量过高会导致土壤通气性降低，但在贺兰山东麓酿酒葡萄园，土壤黏粒含量所占比例很低，甚至部分区域需要客土方式补充土壤黏粒，因此该地区土壤黏粒含量影响着葡萄的生长，相关性分析发现，均呈正相关。

表6-1　土壤物理性质和生长及产量的相关性分析

指标	百叶重	SPAD	新梢长	副梢数	根量	根深	产量
容重	0.23	0.14	–0.36	0.13	–0.87**	–0.83**	–0.65*
非活性孔隙	–0.14	–0.19	–0.16	–0.09	–0.45	–0.43	–0.66*
毛管孔隙	0.39	0.38	0.57*	0.59*	0.72*	0.86**	0.63*
通气孔隙	0.35	0.44	0.21	0.47	0.61*	0.79**	0.55

（续表）

指标	百叶重	SPAD	新梢长	副梢数	根量	根深	产量
< 0.25 mm 团聚体	0.22	0.14	0.08	0.29	−0.43	−0.52	0.31
> 0.25 mm 团聚体	0.33	0.31	0.27	0.49	0.68*	0.72*	0.39
砂粒含量	0.22	0.11	0.19	0.31	−0.24	0.66*	−0.34
粉粒含量	0.35	0.42	0.38	0.44	0.49	0.51	0.39
黏粒含量	0.11	0.13	0.08	0.56	0.45	0.44	0.29
田间持水量	0.62*	0.58*	0.73*	0.69*	0.82**	0.83**	0.71*
饱和含水量	0.56	0.48	0.49	0.63	0.61	0.54	0.47

注：*$P<0.05$，**$P<0.01$（下同）。

土壤的田间持水能力决定着葡萄根系对水分和养分的持续吸收能力，继而影响地上部分的营养分布及生长，其与酿酒葡萄所有生长指标及产量均呈显著正相关，土壤田间持水量越高，持续供给能力越强，葡萄根区环境越优，其毛根数量也随之增加，根系垂直分布也越均匀，表6-1可知其与根系数量及根系下扎深度呈极显著正相关。土壤饱和含水量也能表征土壤水分供给情况，其含量与所有生长指标及产量均呈正相关。

分析6个酿酒葡萄品质因子和11个土壤物理因子的相关系数可知（表6-2），容重与可溶性固形物呈极显著负相关，容重过高的土壤可溶性固形物含量随之降低，可滴定酸也会随容重增加而增加，花色苷、总酚和单宁随容重的增加而显著降低。土壤孔隙与酿酒葡萄品质相关性不强，非活性孔隙与各指标均呈负相关，差异不显著，毛管孔隙则全部呈正相关，差异不显著，只有通气孔隙与可溶性固形物呈显著正相关，由此证明疏松多孔的土壤上酿酒葡萄糖分含量较高。直径< 0.25 mm的团聚体与花色苷、总酚和单宁呈负相关，直径> 0.25 mm的团聚体与葡萄品质因子均呈正相关，差异不显著。土壤机械组成对酿酒葡萄品质影响较大，砂粒含量越高，对应可溶性固形物含量越高，可滴定酸则越低，相关性达到显著水平。高砂粒含量土壤上，土壤温差变化大、通气孔隙比例高、物质能量交换快，总酚和单宁累计量也更高。土壤黏粒则与花色苷相关性系数较高，达到显著水平，分析其原因为黏粒含量丰富的土壤中，葡萄的成熟发育平稳和持久，色泽及芳香物质的累计程度高，花色苷含量也随之增加。黏粒含量过高则可滴定酸也随之显著增加，其他指标均与黏粒含量呈负相关。葡萄营养生长期对水分要求较高，生殖生长期，尤其成熟后期对土壤水分要求较低，过多的土壤水分会拉长葡萄的成熟期，降低葡萄糖度，增加酸度。田间持水量和饱和含水量在葡萄成熟期除与可滴定酸外，均与葡萄品质呈负相关。

表6-2　土壤物理性质和品质的相关性分析

指标	可溶性固形物	可滴定酸	果汁 pH	花色苷	总酚	单宁
容重	−0.86**	0.51	0.06	−0.61*	−0.59*	−0.64*
非活性孔隙	−0.25	−0.19	−0.13	−0.24	−0.3	−0.21
毛管孔隙	0.08	0.26	0.31	0.42	0.45	0.27
通气孔隙	0.67*	−0.44	0.19	0.53	0.48	0.37
< 0.25 mm 团聚体	0.21	0.16	0.24	−0.15	−0.11	−0.21
> 0.25 mm 团聚体	0.35	0.26	0.34	0.23	0.22	0.35
砂粒含量	0.62*	−0.59*	0.31	0.54	0.66*	0.74*
粉粒含量	0.45	0.09	0.25	0.66*	0.41	0.47
黏粒含量	−0.21	0.68*	0.26	−0.55	−0.53	−0.38
田间持水量	−0.37	0.26	0.09	−0.18	−0.17	−0.26
饱和含水量	−0.44	0.39	0.03	−0.39	−0.46	−0.39

注：*P<0.05，**P<0.01（下同）。

二、土壤化学性质与葡萄生长和品质的关系

碱性石灰性土壤上，pH 值与葡萄生长呈负相关，pH 值越高，酿酒葡萄生长越受抑制，产量也随之下降，尤其新梢生长受抑制最明显（表6-3）。盐分对于酿酒葡萄生长也呈负相关，过高的盐分会导致葡萄盐胁迫，抑制葡萄生长，尤其是对新梢和百叶重有显著的抑制作用。

贺兰山东麓酿酒葡萄产区土壤有机质匮乏，远低于最低的六级水平（表3-2），大量补充有机质对酿酒葡萄生长具有非常重要的意义，土壤有机质丰富

地区叶片肥厚，百叶重高，叶片浓绿，SPAD 值也随之增加，同时有机质还与副梢发生数呈显著正相关。有机质含量与根量和根深呈极显著相关，有机质越丰富，土壤毛根数量则越多，且分布也存在追随有机质分布的特点。受施肥深度及定植方式影响，一般有机肥均在 40~60 cm，根系下扎深度也随之增加，在高有机质土壤条件下，酿酒葡萄产量能显著提升。氮素作为营养生长的主要大量元素，土壤全氮和碱解氮与葡萄生长指标均呈正相关，其与百叶重、新梢长、副梢数和产量相关性均达到显著水平。由此可见氮素作为生长元素，尤其在前期供给上必不可少。除了氮素外，磷素在葡萄生长发育中也起着不可忽视的作用，全磷与百叶重呈极显著相关，相关系数达到 0.82，磷素还能促进副梢的分蘖及发生，其相关性达到 0.83 的极显著水平，除了影响地上部分外，全磷还与根量和产量呈显著相关。有效磷与副梢发生率呈极显著正相关，与百叶重、根量和产量呈显著正相关。钾素作为品质元素，对葡萄生长也起着重要作用，与所有生长指标均呈正相关，尤其与产量的关系达到了显著水平。

表6-3　土壤化学性质和生长及产量的相关性分析

指标	百叶重	SPAD	新梢长	副梢数	根量	根深	产量
pH 值	−0.52	−0.25	−0.61*	−0.23	−0.31	−0.09	−0.25
全盐	−0.63*	−0.36	−0.73*	−0.32	−0.22	−0.16	−0.19
有机质	0.72*	0.76*	0.28	0.71*	0.93**	0.94**	0.74*
全氮	0.65*	0.58	0.68*	0.77*	0.56	0.39	0.71*
碱解氮	0.76*	0.62	0.74*	0.76*	0.61	0.42	0.69*
全磷	0.82**	0.54	0.45	0.83**	0.78*	0.45	0.66*
有效磷	0.78*	0.57	0.54	0.86**	0.81*	0.32	0.68*
速效钾	0.45	0.43	0.51	0.56	0.52	0.27	0.74*
有效铁	0.53	0.44	0.78*	0.35	0.24	0.26	0.26
有效钙	0.35	0.53	0.22	0.23	0.17	0.09	0.54
有效镁	0.45	0.46	0.15	0.36	0.23	0.14	0.23
有效锰	0.44	0.26	0.25	0.67*	0.39	0.17	0.27
有效铜	0.32	0.45	0.34	0.38	0.17	0.14	0.33
有效锌	0.48	0.49	0.58	0.65*	0.34	0.23	0.31

注：*$P<0.05$，**$P<0.01$（下同）。

土壤有效铁对新梢生长有明显促进作用，相关系数达到 0.78，对其他指标也有一定的促进作用，但相关性不显著。土壤有效锰则能促进副梢数的发生，钙、镁、铜对生长指标的影响差异不显著，有效锌同样对副梢数有一定促进作用。

从总体来看，pH 值和全盐均与生长指标呈负相关，是酿酒葡萄的两个主要限制因子，有机质的投入高低直接影响着葡萄根系的发育，矿质营养元素与生长指标均呈正相关，表明适量补充营养元素对酿酒葡萄生长发育具有重要意义。

表6-4　土壤化学性质和品质的相关性分析

指标	可溶性固形物	可滴定酸	果汁 pH 值	花色苷	总酚	单宁
pH 值	−0.43	−0.28	0.21	0.55	0.53	0.34
全盐	−0.58	−0.32	0.23	0.26	0.67*	0.15
有机质	0.82*	−0.85*	−0.16	0.79*	0.86**	0.76*
全氮	0.56	−0.64	−0.36	−0.24	−0.31	−0.45
碱解氮	0.54	−0.65	−0.34	−0.36	−0.41	−0.52
全磷	0.56	−0.52	−0.11	0.45	0.31	0.32
有效磷	0.93**	−0.57	−0.15	0.63*	0.39	0.33
速效钾	0.52	0.77*	−0.76*	0.42	0.65*	0.56
有效钙	0.51	−0.42	−0.22	0.65*	0.68*	0.44
有效镁	0.42	−0.54	−0.16	0.54	0.55	0.32
有效铁	0.43	−0.13	−0.26	0.56	0.31	0.33
有效锰	0.24	−0.52	−0.33	0.73*	0.77*	0.42
有效铜	0.16	−0.39	−0.32	0.35	0.17	0.28
有效锌	0.65*	−0.34	−0.27	0.57	0.61	0.34

注：*$P < 0.05$，**$P < 0.01$（下同）。

分别计算 6 个酿酒葡萄品质因子和 12 个土壤化学因子的相关系数发现，土壤化学性质及营养元素含量与酿酒葡萄品质之间存在不同的相关性（表6-4）。经相关分析可知，pH 值和全盐与可溶性固形物和可滴定酸均呈显著负相关，与其他指标均呈正相关，除全盐与总酚含量达显著水平外，其他差异均不显著。有机质与可溶性固形物、花色苷和单宁呈显著正相关，与总酚呈极显著正相关，但与果汁 pH 值呈负相关。全氮和碱解氮仅与可溶性固形物呈正相关，与其他各项品质指标均呈负相关，考虑到目前酿酒葡萄收购多采取以可溶性固形物为收购指标，由此可知由于葡萄种植户习惯高氮肥投入，高氮投入后，导致除了可溶性固形物增加，其他品质指标均有所下降。全磷与可滴定酸和果汁 pH 值呈负相关，与其他指标呈正相关，但差异不显著。有效磷含量与可溶性固形物呈极显著相关，与花色苷呈显著相关，由此说明葡萄吸收的磷与葡萄品质有着显著关系。速效钾仅与果汁 pH 值呈负相关，与其他指标均呈正相关，且与可滴定酸和总酚呈显著正相关，由此可知钾素作为品质元素除了能提高可溶性固形物及其他品质指标外，同时也会由于高钾导致的酒石酸钾含量过高，引起可滴定酸增加。土壤有效态微量元素与可滴定酸和果汁 pH 值均呈负相关，与其他品质指标呈正相关，有效锰、有效钙与花色苷和总酚含量呈显著关系，有效锌与可溶性固形物呈显著正相关。

从总体来看，矿质营养元素均与可溶性固形物呈正相关，与可滴定酸呈负相关，提高土壤中的矿质营养能提高酿酒葡萄浆果中的糖酸比，促进品质提升。同时发现除了土壤 pH 值和全盐外，其他土壤化学因子和葡萄品质因子之间的相关系数大多都为正值，表明该地区土壤肥力供应不足，需提高土壤养分供给能力，提升品质。

三、土壤微生物性质与葡萄生长和品质的关系

表6-5 土壤微生物和葡萄生长及产量的相关性分析

指标	百叶重	SPAD	新梢长	副梢数	根量	根深	产量
细菌	0.11	0.24	0.26	0.24	0.09	0.06	0.35
放线菌	0.09	0.13	0.31	0.22	0.15	0.08	0.21
真菌	0.24	0.21	0.13	0.16	0.17	0.07	0.22
碱性磷酸酶	0.15	0.16	0.14	0.32	0.53	0.23	0.36
脲酶	0.25	0.31	0.15	0.13	0.52	0.09	0.11
蔗糖酶	0.33	0.34	0.24	0.22	0.55	0.08	0.18
过氧化氢酶	0.03	0.02	0.14	0.12	0.49	0.06	0.07
微生物碳 MC	0.04	0.32	0.14	0.16	0.25	0.23	0.30
微生物氮 MN	0.11	0.12	0.06	0.09	0.29	0.21	0.27
微生物磷 MP	0.05	0.04	0.03	0.06	0.27	0.02	0.14

表6-6　土壤微生物和葡萄品质的相关性分析

指标	可溶性固形物 （°brix）	可滴定酸 （g·L⁻¹）	果汁 pH 值	花色苷 （mg·g⁻¹）	总酚 （mg·g⁻¹）	单宁 （mg·g⁻¹）
细菌	0.09	0.05	0.16	0.22	0.03	0.04
放线菌	0.04	0.15	0.21	0.12	0.10	0.09
真菌	0.21	0.14	0.16	0.12	0.07	0.08
碱性磷酸酶	0.11	0.13	0.14	0.12	0.03	0.21
脲酶	0.06	−0.24	0.20	0.11	0.15	0.02
蔗糖酶	0.03	0.14	0.05	0.06	0.33	0.13
过氧化氢酶	0.13	0.07	0.06	0.06	0.09	0.09
微生物碳	0.42	−0.12	0.01	0.10	0.05	0.13
微生物氮	0.41	−0.12	0.01	0.11	0.09	0.11
微生物磷	0.45	−0.14	0.03	0.06	0.07	0.04

　　分析7个酿酒葡萄生长及产量因子和10个土壤微生物因子的相关系数发现（表6-5），土壤微生物数量与酿酒葡萄生长指标呈一定的正相关性，但相关性系数不高，三菌更多的是影响土壤生态环境继而影响葡萄的生长，但在干旱环境下，其影响并不明显。四个酶活性指标均与根系数量呈较高的正相关，由此可见酶活性与土壤肥力之间存在一定相关性，继而引发根系对养分的吸收，促进根系数量尤其是吸收根的增加。微生物CNP与酿酒葡萄生长关系和酶活性基本相似，但其相关系数大小明显低于酶活性。

　　由表6-6可知，三菌和酶活性与酿酒葡萄品质形成因素相关性不大，均无显著差异，微生物CNP与可溶性固形物相关性较高，均在0.41以上，与可滴定酸呈负相关，与其他指标差异不显著。

四、贺兰山东麓产区典型土壤类型与酿酒葡萄品质的关系

　　成熟过程中不同土壤类型产酿酒葡萄百粒重变化差异较大（图6-1）。成熟前期葡萄果实膨大，百粒重呈显著增加，在9月中旬左右达到最值，之后差异不大。通过对成熟期3种土壤类型所产酿酒葡萄比较发现（表6-7），风沙土和灰钙土产酿酒葡萄果粒松散，百粒质量较小，灰钙土产酿酒葡萄百粒重最低，仅为182.10 g，显著低于风沙土产葡萄百粒重的198.23 g；而灌淤土产葡萄果粒紧密，百粒质量较大，显著高于风沙土和灰钙土产葡萄百粒重，高达211.45 g。

表6-7　收获期酿酒葡萄品质分析（45样本）

指标	百粒重	可溶性固形物（°brix）	还原糖（g·L⁻¹）	可滴定酸（g·L⁻¹）	果汁pH值	花色苷（mg·g⁻¹）	总酚（mg·g⁻¹）	单宁（mg·g⁻¹）
风沙土	198.23b	24.55a	249.35a	6.25b	3.76a	7.55a	15.30b	42.65a
灰钙土	182.10c	23.50a	245.40a	6.35b	3.77a	7.23b	15.95a	43.25a
灌淤土	211.45a	18.18b	193.75b	6.80a	3.81a	6.18c	14.33c	30.35b

注：不同处理间多重比较在5%水平下进行。

　　葡萄成熟前期风沙土产酿酒葡萄可溶性固形物明显低于灰钙土产区，9月12日后，风沙土产区葡萄可溶性固形物呈现持续快速增长，并稳步高于灰钙土产酿酒葡萄；灌淤土产酿酒葡萄整个成熟期可溶性固形物呈缓慢稳定上升趋势（图6-1），但均低于风沙土和灰钙土产酿酒葡萄。风沙土产酿酒葡萄可溶性固形物最高，为24.55%，其次为灰钙土产酿酒葡萄，为23.50%，但二者差异不显著，灌淤土产酿酒葡萄可溶性固形物含量最低，仅为18.18%，显著低于风沙土和灰钙土产地（表6-7）。

　　风沙土和灰钙土产酿酒葡萄果实还原糖积累速度明显高于灌淤土，9月5日前，还原糖均呈缓慢上升趋势，9月5—19日，风沙土和灰钙土产酿酒葡萄还原糖迅速累积，之后趋于平缓。灌淤土整个时期糖度累积速度均较慢，呈现缓慢稳定上升趋势。10月3日采收时，风沙土产酿酒葡萄总糖最高，为249.35 g·L⁻¹，其次为灰钙土产酿酒葡萄245.40 g·L⁻¹，二者差异不显著，灌淤土产酿酒葡萄总糖含量最低，仅为193.75 g·L⁻¹，显著低于风沙土和灰钙土产地（表6-7）。

　　酿酒葡萄成熟过程中随着果实糖含量的增加，总酸含量呈下降趋势，9月5日前，灌淤土产酿酒葡萄从12.1 g·L⁻¹降到了7.8 g·L⁻¹，灰钙土产酿酒葡萄则从11.1 g·L⁻¹降到了7.5 g·L⁻¹，风沙土产酿酒葡萄下降幅度较小，从9.2 g·L⁻¹降到了6.7 g·L⁻¹，9月12日后下降趋势减缓。收获期风沙土产酿酒葡萄果实总酸略低于灌淤土产酿酒葡萄总酸，和灰钙土产酿酒葡萄差异不大，灌淤土产果实总酸含量为6.80 g·L⁻¹，显著高于灰钙土和风沙土产区的6.35 g·L⁻¹和6.25 g·L⁻¹。

　　9月12日前葡萄果汁pH值快速上升，之后趋于平缓，风沙土产酿酒葡萄pH值一直高于灰钙土和灌淤土产酿酒葡萄（图6-1），但采收时风沙土产酿酒葡萄pH值为3.76，灰钙土产酿酒葡萄pH值为3.77，而灌淤土产酿酒葡萄pH值为3.81，不同土壤类型所产酿酒葡萄pH值差异不显著（表6-7）。

葡萄成熟期糖酸比随着成熟度的进程持续增加，风沙土和灰钙土产酿酒葡萄糖酸比显著高于灌淤土产酿酒葡萄。在 9 月 5 日三者较为接近，采收时风沙土产酿酒葡萄糖酸比系数达到 40.16，灰钙土产酿酒葡萄糖酸比系数达到了 38.89，灌淤土产酿酒葡萄糖酸比系数仅为 28.38（表 6-8）。因此，据糖度和酸度比值，可以判定不同土壤类型葡萄园葡萄的成熟度，继而确定合理的采收时期，3 种土壤类型产酿酒葡萄成熟度依次为：风沙土＞灰钙土＞灌淤土。

表6-8　葡萄成熟期糖酸比变化（45样本）

处理	8月15日	8月22日	8月29日	9月5日	9月12日	9月19日	9月26日	10月3日
风沙土	20.22	26.43	27.97	29.40	33.85	37.19	39.03	40.16
灰钙土	16.18	20.89	24.55	26.00	32.88	35.54	37.19	38.89
灌淤土	13.33	16.50	19.00	22.95	24.59	25.89	26.76	28.38

9 月 19 日前不同土壤类型所产酿酒葡萄花色苷含量呈上升趋势，之后呈下降趋势，整个果实成熟期风沙土和灰钙土产酿酒葡萄果皮中花色苷含量明显高于灌淤土产酿酒葡萄，8 月 29 前，风沙土产酿酒葡萄花色苷累含量低于灰钙土，但之后花色苷含量迅速增加，并高于灰钙土，三者 9 月 19 日葡萄果皮中总花色苷含量达到峰值（分别为 7.7 mg·g⁻¹，7.4 mg·g⁻¹ 和 6.4 mg·g⁻¹）（图 6-1），葡萄成熟采收时花色苷含量略有下降，风沙土产酿酒葡萄花色苷含量最高为 7.55 mg·g⁻¹ 显著高于灰钙土产酿酒葡萄的 7.23 mg·g⁻¹，灌淤土产酿酒葡萄花色苷含量最低，仅为 6.18mg·g⁻¹ 显著低于灰钙土产酿酒葡萄（表 6-7）。

果实成熟前期灰钙土产酿酒葡萄总酚含量低于风沙土产酿酒葡萄，9 月 12 日后，整个果实成熟加速，灰钙土产酿酒葡萄总酚含量增加最快，超过了风沙土，葡萄采收时灰钙土产酿酒葡萄总酚含量达到 15.95 mg·g⁻¹ 显著高于风沙土产区的 15.30 mg·g⁻¹，灌淤土产酿酒葡萄总酚含量一直低于其他两种土壤类型产酿酒葡萄，成熟时期仅为 14.33 mg·g⁻¹，显著低于风沙土产酿酒葡萄。

8 月 29 日前，三种土壤产酿酒葡萄单宁含量较为接近，之后灰钙土和风沙土产酿酒葡萄单宁含量迅速增加，到 9 月 26 日时趋于稳定，灌淤土产酿酒葡萄一直呈缓慢增加趋势。采收时灰钙土产酿酒葡萄单宁含量最高，达到 43.25 mg·g⁻¹，其次为风沙土，为 42.65 mg·g⁻¹，二者差异不显著。灌淤土产酿酒葡萄单宁含量仅为 30.35 mg·g⁻¹，显著低于其他两种土壤产地葡萄。

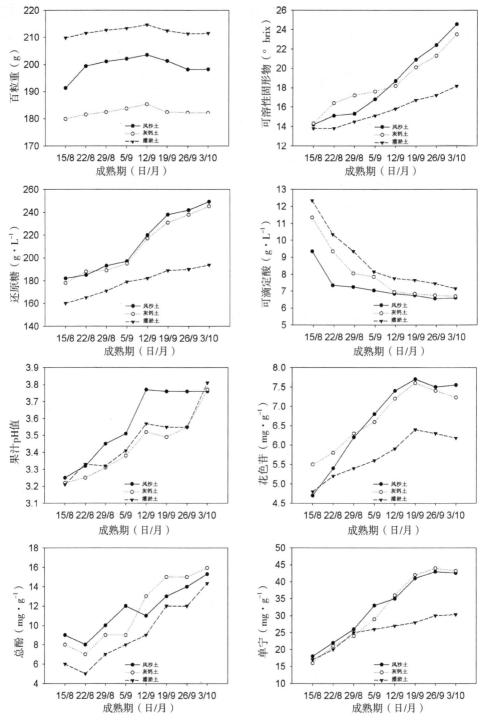

图6-1 酿酒葡萄成熟期品质指标变化

第四节　讨　论

土壤类型和结构特征将影响葡萄根系的分布、土壤的保水能力及矿物组成（Van Leeuwen，2010），土壤颗粒的组成直接影响土壤水肥气热及养分含量（Lebon et al.，2006）。砾质壤土和砂质壤土这类通气良好的土壤最适宜酿酒葡萄种植，优质高档葡萄酒要求酿酒葡萄园必须有特定的土壤质地结构和葡萄品种，法国、澳大利亚等国外优质葡萄产区土壤类型除了有冲积母质发育的土壤外，还有各类岩石风化形成的土壤，新西兰优质葡萄则种植在富含砾石的土壤上（罗国光等，2002；翟衡等，2001）。壤质土壤富含一定石砾，空气交换便利，土层厚的土壤适宜酿酒葡萄种植，而黏土由于通气不良，干湿交替现象严重，会抑制葡萄根系生长（向双，2002）。本研究发现，土壤机械组成对酿酒葡萄品质影响较大，砂粒含量越高，对应可溶性固形物含量越高，可滴定酸则越低，相关性达到显著水平。高砂粒含量土壤上，总酚和单宁累积量也更高。土壤黏粒与花色苷相关性系数较高，达到显著水平，分析其原因为黏粒含量丰富的土壤中，葡萄的成熟发育平稳和持久，色泽及芳香物质的累积程度高，花色苷含量也随之增加。葡萄根系必须尽可能向下伸展，以便获得足够的水分和养分（Van Leeuwen，2010），贺兰山东麓多为砂质和砂壤土，其通透性强，日照时长，土壤温差大，葡萄的糖酸比适宜，芳香物质丰富，但土壤有机质缺乏，对应产量偏低。在新疆吐鲁番盆地的砾质戈壁上和河北昌黎凤凰山、山东平度大泽山等一些大块的山石坡地上，经过改良后，葡萄也能正常生长（贺普超，1999），因此在贺兰山东麓山前洪积扇大部分砾石土壤上可以用于种植优质酿酒葡萄。

土壤有机质能够促进土壤团粒结构的形成，改善土壤结构、刺激植物生长、同时提高农产品品质（Carter，2002）。本研究发现贺兰山东麓酿酒葡萄产区土壤有机质匮乏，远低于最低的六级水平，有机质与副梢发生数呈显著正相关，与根量和根深呈极显著相关，有机质越丰富，土壤毛根数量则越多，且分布也存在追随有机质分布的特点。在保证葡萄根系正常发育的基础上土壤有机质与可溶性固形物、花色苷和单宁呈显著正相关趋势，与总酚呈极显著正相关，但与果汁 pH 值呈负相关。由此可见，要想确保酿酒葡萄的健康生长并获取优质酿酒葡萄原料，必须加大土壤有机培肥力度。

氮素是植物生长必需的大量营养元素，土壤供氮强度主要取决于土壤有机态氮的矿化速率和矿化的数量，若土壤氮素含量过低，就会导致果树缺氮，从而导致作物生长受到抑制（朱兆良，2008）。本研究发现土壤全氮和碱解氮与葡萄生长指标均呈正相关，其与百叶重、新梢长、副梢数和产量相关性均达到显著水平。由此可见氮素作为生长元素，尤其在前期供给上必不可少，采收期随着土壤中的氮元素含量的增高，酿酒葡萄葡萄总糖和单宁含量均呈下降趋势（张磊等，2008），本研究发现全氮和碱解氮仅与可溶性固形物呈正相关，与其他各项品质指标均呈负相关，该规律正好符合当前中国酿酒葡萄施肥上存在的两种倾向：一种是大量使用氮肥人为地造成的元素间的比例失调，另一种为果实负载量太高，土质贫瘠造成的氮肥不足，考虑到目前酿酒葡萄收购多采取以可溶性固形物为标准的收购指标，由此可知葡萄种植户习惯高氮肥投入的原因，高氮投入后，除了可溶性固形物增加，其他品质指标均有所下降。

磷能促进果树根系的生长，与果树的碳、氮代谢密切相关。有效磷是可以被作物直接吸收利用的，它比全磷更能反映出耕地质量的高低（曹志洪等，2008）。本研究发现，磷素对酿酒葡萄百粒重有明显影响，是由于磷素影响花芽分化，从而影响产量，磷素在其他植物营养中也有同样结论。也可看出，磷素施用量提高可使酿酒葡萄含糖量增加，使总酸度降低。

土壤速效钾含量反映土壤供钾程度和能力，速效钾可以直接被植物根系吸收使用，在葡萄生长及其品质上发挥着重要作用。贺兰山东麓地区风沙土磷、钾素资源发现在葡萄生长期多施钾肥可以提高糖分含量，降低酸含量（周涛等，2004）。本研究发现钾素作为品质元素，对葡萄生长也起着重要作用，与所有生长指标均呈正相关，尤其与产量的关系达到了显著水平。

酿酒葡萄对钾的需求很大，葡萄中的钾素营养直接关系到葡萄产量高低、品质优劣程度。本研究发现速效钾仅与果汁 pH 值呈负相关，与其他指标均呈正相关，且与可滴定酸和总酚呈显著正相关，由此可知钾素作为品质元素除了能提高可溶性固形物及其他品质指标外，同时也会由于高钾导致的酒石酸钾含量过高，引起可滴定酸增加。缺铁通常会导致葡萄新梢和幼叶黄化失绿，新梢变为黄绿色甚至黄色。本研究发现，土壤有效铁对新梢生长有明显促进作用，相关系数达到0.78，对其他指标也有一定的促进作用。铁的有效性会随着土壤 pH 值的上升而迅速下降，导致葡萄缺铁黄化死亡，贺兰山东麓强碱性土壤上，易引起铁钝化，造成酿酒葡萄缺铁。刘昌岭等（2006）认为平度大泽山葡萄产区土壤中的营养元素与酿酒葡萄品质有明显相关性，尤其钾素和硼最利于葡萄产量与品质的提升，而 Cu 与 Fe 元素则相反。本研究发现有效锌对副梢数有一定促进作用，与可溶性固形物呈显著正相关，有效锰与花色苷和总酚呈显著相关关系。

葡萄原料的成熟度决定着葡萄原料的质量，而葡萄成熟度是一个相对的概念，由于葡萄果实内糖类物质、酸类物质、酚类物质、香气物质等在葡萄成熟过程中始终处于一个相对变化的情况，因此很难判断几种物质是否同时达到最佳含量并进行采收（James Kennedy，2002）。葡萄果实内还原糖含量和总酸含量与葡萄整体成熟度的联系最为密切，因此国内外普遍将还原糖含量与总酸含量的相对值，即糖酸比，作为判定葡萄成熟度的最主要依据。最近的研究表明，较高糖酸比的葡萄其花色苷类物质在酿造过程中的利用率明显高于较低糖酸比的葡萄，由较高糖酸比的葡萄酿制而成的红葡萄酒其颜色稳定性也较好（S Guidoni and J Hunter，2012）。浆果可溶性固形物、总糖、可滴定酸、酚类物质、单宁、花色苷和风味物质等是评价葡萄质量的重要指标，糖主要来自绿色的茎和叶等器官，此外，水果本身的苹果酸也可以转化为葡萄糖（Jackson，1993；王宏安等，2013）。本试验对贺兰山东麓产区三种典型土壤研究发现在成熟期葡萄浆果糖分快速增加，酸度迅速下降，后期基本趋于稳定。土壤通气性和排水性直接影响葡萄果粒大小和果穗松散度，果穗越松散，受光效果越好，花色苷越高，果粒越小，花色苷的累积越高。黏性土壤上葡萄单粒重较大，果实成熟期较长，果实成熟度低，浆果糖度值高，pH值低（Reynolds et al.，2013；唐美玲等，2013）。本试验研究认为，不同土壤类型的葡萄果实总糖和总酸含量差异较大，单宁、花色苷和香气物质也存在一定的差异。风沙土和灰钙土上产的葡萄果粒小，颗粒松散，着色好，果皮比重高，所产葡萄果实糖度、色度和花色苷含量高。

土壤微生物主要体现在土壤健康水平及肥力供应能力上，与葡萄生长尤其品质之间的相关性不如理化性质明显，本研究发现，酶活性与土壤肥力之间存在一定相关性，继而引发根系对养分的吸收，促进根系数量尤其是吸收根的增加。三菌和酶活性与酿酒葡萄品质形成因素相关性不大，均无显著差异，微生物C、N、P与可溶性固形物相关性较高，与其他指标差异不显著，结果基本与前人研究结果相似。

砂质土壤葡萄根系必须尽可能向下伸展，以便获得足够的水分和养分（Van Leeuwen，2010），黏土通透性差，葡萄根系浅，生产结果能力弱（李记明等，2013）。含石砾的砂壤土产酿酒葡萄叶片光合速率高，果实糖和色素也较高，但风沙土所产葡萄中单宁含量更丰富（李记明等，2013），土壤黏粒含量越高对葡萄品质形成越不利（Fernández-Marín et al.，2013）。本研究发现，风沙土和灰钙土的酿酒葡萄果粒松散，百粒质量较小，灰钙土产酿酒葡萄百粒重最低，而灌淤土产葡萄果粒紧密，百粒质量较大，显著高于风沙土和灰钙土产葡萄百粒重。这与土壤通气性和排水性有关，土壤类型直接影响葡萄果粒大小和果穗松散度，果穗越松散，受光效果越好，花色苷越高，果粒越小，花色苷的累积越高。

第五节 小 结

　　贺兰山东麓土壤容重与酿酒葡萄根系生长呈显著负相关，过大的容重会导致产量显著降低；大量的毛管孔隙便于水分运动及葡萄根系吸收，毛管孔隙与葡萄生长指标全部呈正相关；通气孔隙和土壤水分决定着根系扎的深度；直径 0.25~0.5 mm 的团聚体有利于促进根系的伸展和下扎；贺兰山东麓酿酒葡萄园土壤整体偏砂，砂粒含量较高，其保水保肥性能相对较弱，砂粒含量越高，产量也越低，根的数量也对应越少；土壤田间持水量越高，持续供给能力越强，葡萄根区环境越优，其毛根数量也随之增加，根系垂直分布也越均匀。

　　容重与可溶性固形物呈极显著负相关，与可滴定酸呈正相关，花色苷、总酚和单宁随容重的增加而显著降低；土壤孔隙与酿酒葡萄品质相关性不强，只有通气孔隙与可溶性固形物呈显著正相关；直径 < 0.25 mm 的团聚体与花色苷、总酚和单宁呈负相关；土壤机械组成对酿酒葡萄品质影响较大，砂粒含量越高，对应可溶性固形物含量越高，可滴定酸则越低，相关性达到显著水平；田间持水量和饱和含水量在葡萄成熟期除与可滴定酸外，均与葡萄品质呈负相关。

　　碱性石灰性土壤上，pH 值、全盐与葡萄生长及产量呈负相关，过高的 pH 值和盐分会导致葡萄盐碱胁迫，抑制葡萄生长，尤其新梢和百叶重；贺兰山东麓酿酒葡萄产区土壤有机质匮乏，有机质与土壤毛根数量和根系深度呈显著相关；氮素与葡萄生长指标均呈正相关，磷素除了影响地上部分外，全磷还与根量和产量呈显著相关；钾素作为品质元素与产量的关系达到了显著水平；土壤有效铁对新梢生长有明显促进作用；土壤有效锰则能促进副梢数的发生；有效锌对副梢数有一定促进作用。

　　有机质与可溶性固形物、花色苷和单宁呈显著正相关，与总酚呈极显著正相关，但与果汁 pH 值呈负相关；全氮和碱解氮仅与可溶性固形物呈正相关；有效磷含量与可溶性固形物呈极显著相关，与花色苷呈显著相关；速效钾与可滴定酸和总酚呈显著正相关；土壤有效态微量元素与可滴定酸和果汁 pH 值均呈负相关。

　　土壤微生物数量与酿酒葡萄生长指标呈一定的正相关；酶活性指标均与根系数量呈较高的正相关；土壤微生物特性与酿酒葡萄品质形成因素相关性不显著。

　　土壤因素参与了酿酒葡萄浆果的酚类化合物生物合成，在不同土壤类型下酿酒葡萄成熟度和品质差异显著。风沙土壤酿酒葡萄成熟期较早，果实糖分、果皮颜色物质含量较高，对葡萄芳香物质的形成较好；灰钙土上葡萄成熟期适中，单宁适中，酸度偏低，对单宁和酚类物质形成较为适宜；灌淤土上葡萄成熟期较长，葡萄果实酸度含量较高，但葡萄品质各项指标均最低。

第七章　贺兰山东麓酿酒葡萄产区
土壤质量综合评价指标体系

第一节　引　言

　　土壤质量评价的目的是通过特定的评价手段和方法直接或间接地反映人为干扰和自然条件下土壤质量的变化及优劣程度，以期改善或提高土壤质量。早期的评价以对土壤指标的定性描述为主，即通过直观的视觉来评判土壤质量的好坏，诸如土壤颜色、土壤砂粒含量多少、有机质含量、土壤孔隙度、土壤耕作状况、土壤保水性能、土壤动物多样性和作物生长情况等指标的优劣程度进行定性的评价，在该级别评级基础上得到的土壤质量状况评价结果往往受人为因素的影响较大，缺乏可重复性、可比性和应用性。因此，我们需要在定性描述方法的基础上，采用精准定量的方法评价土壤质量。

　　近年来，国内外已经做了大量关于土壤质量评价的研究，但由于评价对象和评价目标不同以及评价方法的选择差异，定量评价土壤质量还存在一定难度和可验证性，直到现在仍然缺乏一个统一的定量评价标准。土壤质量评价通常包括：明确研究目标；选择评价参数；制订工作草案；采集分析土壤样品；数据相关性分析；评价方法的选择；结果与方法比对；评价说明；评价结果验证；以及依据评价结果采取的相关关联行动。构建好评价指标体系后，针对科学问题、评价目标开展关键功能评价，通过对土壤质量指标测定，定量描述这些函数对评价功能的系统响应；最后每个参数和函数被赋予一个权重，在合成预算的基础上分析计算土壤质量指标。

　　当前国际常用的评价方法有土壤质量综合评价法、多变量克立格法、土壤相对质量评价法、土壤环境健康评价法和土壤质量动态监测评价法。土壤质量综合评价法赋予每个土壤因子一个评价标准，利用乘法计算土壤质量因子得分高低，各因子权重受社会经济和自然地理因素决定。多变量克里格方法不限制单一土壤因子数量，而是将所有的指标因子视为一个整体，然后利用克里格变化后得到的新的指标用于评价。土壤相对质量评价法用相对土壤质量指数评价土壤质量的变化规律，定量分析被评价的目标土壤质量与理想土壤质量之间的相对距离，依据距离远近判断其土壤质量的等级。土壤质量动态监测评价法通过动态监测的方式利用系统动态学特征分析测定土壤可持续变化的能力。有学者针对半干旱地区长期不同施肥措施下的土壤质量提出了十分敏感的指数评价方法（Masto，2008）；有人在国家的尺度上，在没有考虑土壤的环境质量状况的情况下提出了基于最小数据集的评价（Sparling，1997）；也有学者基于农田尺度对北京郊区农田土壤环境质量进行了评价，并未提出一套完善的适合所有地区的综合方法（韩平等，2009）；康玲芬等（2006）对兰州市市区不同土地利用方式的评价偏重城市研究较多，对基本农田进行的评价不足。通常比较常见的模型评价法其结果往往主观性很强，很少考虑土壤本身的差异性，实际应用和验证效果较差（Ditzler，2002；Masto，2008；Kirchman，1985）。前人对土壤质量评价的研究所采用的方法均有不同的出发点和优势，但各类方法同时也存在较大的不足和争议。

　　国内多采用主成分分析法、聚类分析法、插值法、灰色关联法、回归分析法等方式评价土壤质量。主成分分析方法是一个主观判断的定性和定量分析（李月芬，2004）。目前，灰色关联分析方法已经在社会、经济和农业领域中得到了广泛的应用。灰色关联度分析（邓聚龙，1987）是基于灰色系统的理论，提供因素之间的相关程度的一种定量分析方法，将实际问题量化，找出不确定变化规律之间的细微规律。灰色关联通过分析计算每个序列的相关系数和关联度，用于确定不同序列之间的主次关系、优劣程度和相似度。土壤质量因子与酿酒葡萄之间的种种关系是一个典型的灰色关联系统，包含了多种因子的共同作用，是系统内各种元素的综合反应，能够系统地掌握已知和未知的各类信息，通过灰色关联系统分析方法研究土壤质量因子和葡萄生长及产量品质之间的关系不仅可以定性描述，而且能给出精确的量化描述。

　　由于影响土壤质量的因子很多，各因素间也存在一定相关性，采用主成分分析法以从复杂的指标体系中筛选出具有代表性的少数几个彼此不相关的综合指标，并且能够代表全部指标所反映出来的绝大多数原始信息（张润楚，2006；袁志发，2002；朱建平，2006），因此在灰色关联分析法的基础上，结合主成分分析不仅可以作为优势分析的基础，也可以为科学决策提供依据。所以通过对贺兰山东麓酿酒葡萄产区土壤质量因子的灰色关联和主成分分析，定量评估土壤质量因子与葡萄生长及品质形成机制间的关系，为贺兰山东麓酿酒葡萄产区规划及科学管理提供依据。

第二节　研究方法

充分挖掘利用土壤因子与酿酒葡萄生长及品质因子之间的相关性信息（数据来源于第三、第四、第五、第六章），将过多的指标之间具有的相关性，统计信息重叠部分进行转换，获得能够较好反映指标间变化的指标后重新用于主成分分析和灰色关联分析，继而构建影响酿酒葡萄生长和产量品质的土壤评价指标体系。

具体研究方法参照第二章第三节的一、二、七。

第三节　结果与分析

一、灰色关联度法综合评价法

将数据标准化处理后，设置相应评价参数，在灰色建模系统中运用灰色关联度法分析评价（刘斌，2004）。计算得出所有影响土壤质量的指标的相关性系数。

由公式 $Ri = \frac{1}{n}\sum_{k=1}^{n}\varepsilon i(k)$ 可得各土壤因子与酿酒葡萄生长和品质的灰色关联度 T，由表 7-1 可知，土壤质量因子与酿酒葡萄生长综合指标灰色关联度大小顺序为：有机质（0.946）＞田间持水量（0.931）＞碱解氮（0.853）＞毛管孔隙度（0.821）＞有效磷（0.817）＞全磷（0.773）＞全氮（0.730）＞有效锌（0.723）＞速效钾（0.689）＞pH 值（0.637）＞容重（0.630）＞其他。土壤质量因子与酿酒葡萄品质综合指标灰色关联度大小顺序为：速效钾（0.962）＞土壤砂粒（0.887）＞有机质（0.862）＞容重（0.826）＞土壤黏粒（0.771）＞全盐（0.766）＞土壤粉粒（0.760）＞通气孔隙（0.759）＞有效锰（0.711）＞pH值（0.705）＞有效磷（0.670）＞全氮（0.651）＞其他。

综合评价得出影响酿酒葡萄的主要因子灰色关联度大小顺序为：速效钾＞土壤砂粒＞有机质＞容重＞土壤黏粒＞全盐＞土壤粉粒＞＞通气孔隙＞有效锰＞pH 值＞有效磷全氮有效锌＞毛管孔隙度＞碱解氮＞有效铜＞酸性磷酸酶活性＞全磷＞微生物量磷＞脲酶活性＞真菌＞微生物量氮＞其他。因此在贺兰山东麓酿酒葡萄产区，速效钾、土壤质地、土壤有机质、土壤容重、全盐、通气孔隙等对酿酒葡萄有重要影响，可以作为评价酿酒葡萄生长及品质的关键评价因子用于构建评价指标体系。

表7-1 不同土壤质量指标的相关性系数

	X1	X2	X3	X4	X5	X6	X7	X8	X9	X10	X11	X12	X13
Y1	0.363	0.432	0.503	0.296	0.997	0.994	0.822	0.956	0.642	0.459	0.965	0.977	0.954
Y2	0.427	0.433	0.347	0.348	0.992	0.987	0.580	0.949	0.542	0.547	0.956	0.687	0.874
Y3	0.688	0.662	0.890	0.851	0.880	0.876	0.899	0.523	0.445	0.538	0.583	0.974	0.636
Y4	0.429	0.417	0.495	0.483	0.446	0.388	0.993	0.399	0.349	0.326	0.357	0.627	0.419
Y5	0.540	0.402	0.511	0.409	0.459	0.555	0.238	0.343	0.521	0.341	0.571	0.511	0.676
Y6	0.921	0.964	0.933	0.983	0.912	0.960	0.841	0.444	0.420	0.444	0.459	0.428	0.455
Y7	0.496	0.457	0.449	0.475	0.418	0.991	0.358	0.929	0.975	0.742	0.719	0.961	0.994
Y8	0.599	0.509	0.544	0.595	0.455	0.499	0.417	0.786	0.730	0.802	0.994	0.657	0.589
Y9	0.391	0.449	0.442	0.387	0.462	0.317	0.107	0.678	0.996	0.756	0.704	0.744	0.749
Y10	0.394	0.436	0.437	0.578	0.402	0.486	0.338	0.366	0.522	0.313	0.390	0.404	0.402
Y11	0.396	0.497	0.517	0.565	0.984	0.923	0.510	0.395	0.392	0.452	0.410	0.428	0.461
Y12	0.537	0.546	0.925	0.652	0.574	0.600	0.624	0.705	0.730	0.672	0.619	0.914	0.590
Y13	0.945	0.442	0.996	0.468	0.491	0.368	0.453	0.655	0.694	0.748	0.776	0.962	0.760
Y14	0.945	0.971	0.863	0.944	0.998	0.976	0.924	0.991	0.941	0.284	0.971	0.993	0.989
Y15	0.956	0.572	0.916	0.907	0.192	0.639	0.926	0.462	0.890	0.736	0.465	0.784	0.567
Y16	0.969	0.458	0.424	0.997	0.947	0.683	0.936	0.637	0.468	0.641	0.446	0.623	0.545
Y17	0.984	0.733	0.945	0.929	0.685	0.773	0.925	0.609	0.541	0.626	0.629	0.601	0.565
Y18	0.984	0.734	0.622	0.911	0.967	0.509	0.991	0.964	0.514	0.491	0.954	0.509	0.589
Y19	0.724	0.687	0.458	0.695	0.547	0.736	0.978	0.992	0.973	0.957	0.928	0.967	0.956
Y20	0.712	0.453	0.214	0.336	0.354	0.667	0.728	0.785	0.851	0.696	0.895	0.333	0.569
Y21	0.338	0.505	0.325	0.411	0.207	0.518	0.693	0.565	0.569	0.537	0.458	0.314	0.429
Y22	0.623	0.566	0.938	0.600	0.560	0.511	0.490	0.523	0.453	0.527	0.521	0.499	0.458
Y23	0.452	0.455	0.524	0.957	0.508	0.394	0.534	0.515	0.648	0.598	0.905	0.944	0.654
Y24	0.594	0.555	0.612	0.624	0.604	0.577	0.648	0.630	0.634	0.620	0.510	0.641	0.533
Y25	0.695	0.679	0.705	0.926	0.721	0.663	0.670	0.956	0.513	0.608	0.588	0.596	0.562
Y26	0.324	0.292	0.383	0.394	0.293	0.375	0.470	0.523	0.349	0.414	0.389	0.567	0.388
Y27	0.435	0.498	0.400	0.329	0.472	0.408	0.321	0.508	0.614	0.563	0.601	0.441	0.606
Y28	0.466	0.513	0.459	0.400	0.490	0.495	0.324	0.565	0.581	0.588	0.645	0.507	0.639
Y29	0.402	0.409	0.456	0.452	0.404	0.446	0.478	0.261	0.267	0.235	0.177	0.289	0.216

（续表）

	X1	X2	X3	X4	X5	X6	X7	X8	X9	X10	X11	X12	X13
Y30	0.272	0.270	0.164	0.069	0.268	0.312	0.212	0.532	0.509	0.478	0.574	0.377	0.483
Y31	0.125	0.064	0.094	0.205	0.124	0.100	0.138	0.221	0.253	0.195	0.150	0.249	0.191
Y32	0.396	0.425	0.412	0.462	0.352	0.408	0.044	0.495	0.566	0.432	0.515	0.533	0.547
Y33	0.460	0.573	0.552	0.547	0.530	0.542	0.512	0.403	0.453	0.415	0.470	0.426	0.474
Y34	0.460	0.467	0.431	0.317	0.377	0.396	0.320	0.517	0.479	0.509	0.514	0.512	0.515
Y35	0.412	0.426	0.457	0.351	0.475	0.419	0.298	0.545	0.521	0.592	0.523	0.572	0.583

注：百叶重、SPAD、新梢长、副梢数、根量、根深、产量、可溶性固形物、可滴定酸、果汁 pH 值、花色苷、总酚、单宁分别对应横列 X1~X13，容重、通气孔隙、毛管孔隙度、非毛管孔隙度、饱和含水量、田间持水量、土壤砂粒、土壤粉粒、土壤黏粒、＞0.25 mm 团粒、＜0.25 mm 团粒、有机质、全盐、pH 值、全磷、全氮、有效磷、碱解氮、速效钾、有效钙、有效镁、有效锰、有效铁、有效锌、有效铜、脲酶、蔗糖酶、碱性磷酸酶、细菌、过氧化氢酶、真菌、放线菌、微生物量碳、微生物量氮、微生物量磷分别对应纵列 Y1~Y35。

二、主成分分析法

计算贡献率和累积贡献率的特征值，取得主成分的原则为累积贡献率 ≥90%，据此提取的主成分有 5 个。由表 7-2 可知，第 1 主成分有 43.251% 的总方差的贡献率，第 2 主成分有 21.642% 的总方差的贡献率，第 3 主成分有 13.545% 的总方差的贡献率，第 4 主成分有 10.452% 的总方差的贡献率，第 5 主成分有 5.842% 的总方差的贡献率，五者总共达到 94.732%，即前 5 个主成分能反映出土壤质量指标提供信息的 94.732%。因此，利用主成分分析评价贺兰山东麓酿酒葡萄园土壤质量是可靠的。

表7-2　土壤因子主成分因子载荷矩阵和因子权重

指标	P1	P2	P3	P4	P5	权重（%）
容重	0.094	−0.037	0.077	−0.306	−0.458	3.25
通气孔隙	−0.132	−1.049	−0.109	0.387	0.285	2.31
毛管孔隙度	−0.315	0.058	−0.145	0.012	0.059	2.26
非毛管孔隙度	0.275	−0.129	0.097	0.221	0.107	1.14
饱和含水量	−0.102	−0.013	−0.162	0.428	0.265	2.35
田间持水量	−0.318	0.057	−0.116	0.040	0.077	3.29

（续表）

指标	P1	P2	P3	P4	P5	权重（%）
土壤砂粒	0.187	0.225	−0.069	0.285	−0.025	10.83
土壤粉粒	−0.322	−0.094	−0.065	0.053	0.037	2.76
土壤黏粒	−0.132	0.327	0.045	0.162	−0.080	2.25
> 0.25 mm 团粒	0.085	−0.232	0.158	0.204	−0.174	2.39
< 0.25 mm 团粒	0.021	−0.279	0.304	0.036	0.071	3.47
pH 值	0.167	−0.231	0.064	0.267	0.148	2.58
全盐	0.098	−0.298	0.267	0.025	0.030	1.36
有机质	−0.286	0.223	0.238	0.022	−0.350	12.46
全氮	0.096	0.223	0.238	0.022	−0.350	3.24
全磷	−0.167	0.244	0.096	−0.157	0.340	3.36
碱解氮	−0.237	0.147	0.267	0.000	0.098	1.27
有效磷	0.226	0.075	0.185	0.049	0.203	2.64
速效钾	0.229	0.020	−0.175	0.255	−0.069	3.38
有效钙	0.234	0.121	0.222	0.032	−0.138	8.34
有效镁	0.092	0.097	0.113	0.025	−0.087	3.23
有效铁	−0.178	0.135	0.174	−0.205	0.273	1.26
有效锰	0.191	0.312	0.017	−0.020	0.071	2.54
有效铜	−0.019	−0.967	−0.331	−0.245	0.101	1.63
有效锌	0.019	0.357	0.084	−0.135	0.123	2.34
蔗糖酶活性	0.002	−0.213	−0.001	−0.117	0.395	1.13
脲酶活性	0.294	0.089	0.053	−0.088	0.395	1.62
酸性磷酸酶活性	−0.005	−0.200	−0.316	−0.266	−0.120	1.58
过氧化氢酶活性	−0.248	0.046	0.249	−0.111	0.158	2.23
微生物数总量	−0.092	−0.326	0.077	−0.046	0.299	1.79
细菌	−0.042	0.125	−0.223	0.432	0.045	1.17
放线菌	0.042	0.125	−0.223	0.432	0.045	1.01
真菌	0.039	−0.024	−0.213	0.234	−0.154	1.7
微生物 C	0.163	0.156	0.274	0.228	−0.053	0.38
微生物 N	−0.294	0.141	−0.059	0.093	−0.078	0.57
微生物 P	−0.196	0.120	0.075	0.309	−0.268	0.89

（续表）

指标	P1	P2	P3	P4	P5	权重（%）
特征值	4.325	2.164	1.354	1.045	0.584	—
贡献率（%）	43.251	21.642	13.545	10.452	5.842	—
累积贡献率（%）	43.251	64.893	78.438	88.89	94.732	—

由表 7-2 可以看出，各指标因子负荷量差异较大，但主要的因子差异不显著，其中 11 个因子对第 1 主成分影响较大，分别是土壤粉粒（-0.322）、田间持水量（-0.318）、毛管孔隙度（-0.315）、脲酶活性（0.294）、微生物量氮（-0.294）、有机质（-0.286）、非毛管孔隙度（0.275）、过氧化氢酶（-0.248）、碱解氮（-0.237）、速效钾（0.229）、有效磷（0.226）；对第 2 主成分影响较大的为土壤通气孔隙（-1.049）、有效铜（-0.967）、有效锌（0.357）、土壤黏粒（0.327）、微生物数总量（-0.326）、有效锰（0.312）；对第 3 主成分影响较大的为有效铜（-0.331）、酸性磷酸酶活性（-0.316）、< 0.25 mm 团粒（0.304）、微生物量碳（0.274）、全盐（0.267）、碱解氮（0.267）；对第 4 主成分影响较大的为细菌（0.432）、放线菌（0.432）、饱和含水量（0.428）、通气孔隙（0.387）、微生物量磷（0.309）、容重（-0.306）；对第 5 主成分影响最大的为土壤容重（-0.458）、蔗糖酶活性（0.395）、脲酶活性（0.395）、有机质（-0.35）、全氮（-0.35）、全磷（0.34）。

在第 1 主成分上，脲酶活性（0.294）、非毛管孔隙度（0.275）、速效钾（0.229）、有效磷（0.226）有较大的正值，而土壤土壤粉粒（-0.322）、田间持水量（-0.318）、毛管孔隙度（-0.315）微生物量氮（-0.294）有较大的负值。土壤速效养分的含量与酶活性和土壤肥力水平是密切相关的，虽然其仅占土壤总量的一小部分，但在土壤肥力中具有多方面的显著作用。毛管孔隙度是衡量土壤透气性的一个重要指标。有效钾、速效磷反映了供应土壤养分的量。土壤持水量与粉粒则是植物赖以生存的土壤环境的一个衡量指标。因此，第 1 主成分实质上是将土壤环境与土壤养分保存、供应及转化的量度，可称为供肥和保肥因子。在第 2 主成分上，土壤黏粒（0.327）、有效锌（0.357）、有效锰（0.312）有较大的正值。有效锌含量是影响贺兰山东麓强碱性土壤酿酒葡萄产量的一个重要营养因素。因此该主成分是衡量土壤结构与供给作物养分能力的量度。可称作养分供应强度因子。在第 3 主成分上，< 0.25 mm 团粒（0.304）、微生物量碳（0.274）、全盐（0.267）、碱解氮（0.267）有较大的正值。从贡献率看第 3 主成分可反映总信息量的 13.55%。由于土壤颗粒组成中黏粒所占比例很小，所以在

评价土壤质量的影响上较其他因子小。

三、土壤质量综合评价结果验证

土壤综合质量可以由土壤的产出及葡萄品质来衡量，将 2013 年和 2014 年酿酒葡萄生长指标和品质指标综合带入主成分分析及灰色关联系数发现，直接影响酿酒葡萄生长指标的最典型因子为土壤有机质，其顺序为：土壤有机质＞容重＞质地＞微生物区系。而对酿酒葡萄品质影响最大的则为土壤有效钙，其顺序为：有效钙＞速效钾＞有机质＞生物学指标，验证结果与二者评价的结果基本一致。

第四节　讨　论

土壤物理指标通常是基本定量评价指标体系中相对稳定的，其对葡萄根系的生长及水热条件的影响直接关系酿酒葡萄的品质，因此土壤容重、田间持水量、根系数量及深度、土壤孔隙度均可作为品质指标，而土壤化学因子中土壤速效养分最具代表性（张学雷，2001）。本研究发现影响干旱区酿酒葡萄生长的主要物理评价因子为田间持水量、毛管孔隙度和容重，主要化学评价因子为有机质、碱解氮、有效磷、有效锌、速效钾等，而微生物指标对该区域的影响程度不高。由此可见，在干旱区限制酿酒葡萄生长的首要因子为水分，适宜的水分和疏松的土壤条件能促进根系的发育继而影响葡萄的生长。干旱砂质土壤上，有机质匮乏，各类养分也相对不足，因此可以作为评价因子。西北干旱区土壤微生物活跃程度相对较低，对酿酒葡萄的也较小。

也有人通过评价比较认为，用于评价的土壤质量因子越丰富评价结果越具代表性，但所需要的最小评价指标数据集至少应该包括土壤有机质、CEC、田间持水量、土壤有效养分、土壤机械组成、土壤结构类型、土层厚度、pH 值和土壤微生物碳氮磷等（胡春胜等，1999）。酿酒葡萄不同于其他作物，除了考虑其生长因素外，必须考虑其酿酒葡萄原材料的品质，本研究发现与酿酒葡萄品质灰色关联较大的因子有速效钾、土壤砂粒、有机质、容重、孔隙等，与其结果基本相似，区别在于作物不同，对土壤质量要求存在一定差异。

有机质影响着土壤的持水特性与紧实度，同时对土壤团粒结构和机械组成也有一定的影响，能够为微生物提供生存所需的营养物质，释放作物吸收的矿质养分，提高作物产量和品质（Carter，2002）。本研究发现有机质无论是对生长还是对品质均是非常重要的评价因子，要想达到酿酒葡萄的持续优质生产，必须补充大量有机质。

土壤质量化学评价指标通常包括有机质和矿质营养两大类，营养指标包括矿化磷，全磷，可交换性磷，矿化氮，全氮，可交换性硝铵态氮，全钾，可交换性钙、钾、硫、镁、pH 值、CEC（Schoenholtz，2000）。本研究发现绝大多数营养指标均与酿酒葡萄存在一定的灰色关联，但并非限制因子，可以通过人为补充的方式来平衡其含量。土壤质量微生物指标通常包括土壤的真菌、细菌、放线菌、土壤呼吸、微生物多样性、土壤酶活性、微生物生物量、微生物区系以及与微生物活动有关的参数（张小卓，2013）。本研究发现土壤微生物对酿酒葡萄园土壤的响应不是特别敏感，分析主要原因是干旱条件下，酿酒葡萄生态多样性单一，微生物活跃程度相对较低。

土壤酶在矿化和分解过程中对土壤质量及环境变化反应较为敏感，尤其对土壤肥力指示作用明显，通常被认为是一个较好的土壤质量评价指标（Bandick and Dick，1999）。土壤酶活性能反映环境因子或管理措施引起的土壤生物学和生物化学的变化，建立了土壤酶活性与其他土壤理化因子间的模型。研究发现土壤酶活性对土壤肥力和酿酒葡萄生长指标的响应程度较高，可以作为一个评价土壤肥力的间接指标。

学者通过对设施辣椒覆盖研究发现 5 个主成分的累计贡献率达到了 92.34%（穆兰，2014）。本研究发现 6 个主成分累计贡献率达到了 94.73%，基本能覆盖大量因子数据。研究发现灰色关联度法和主成分分析法均可说明土壤质量随栽培代次及林龄的不同而变化的规律性（王纪杰，2011；陈留美，2008）。本研究通过灰色关联分析方法和主成分分析法的评价结果分析认为，灰色关联在权重设置上更加能反映出某一因子和葡萄生长及品质的单一因子的关联程度，而主成分分析法则能更好地反映某些群体指标与葡萄因子的关系，二者评价结果有一定的差异和侧重性，这可能与权重设置时的人为因素有关，但是评价结果是基本一致的。结合前面几章的分析数据对比两种评价方法发现，主成分分析方法的评价结果更加适合该地区土壤，能够相对客观地反映每个土壤因素对各项葡萄综合指标的影响程度。

第五节 小 结

葡萄健壮生长及优质品质的形成是气候、土壤、栽培管理多种因素综合作用的结果，但毫无疑问，给定气候条件与相同品种条件下，土壤质量及土肥水综合管理起决定性作用。前面章节所测定的大量土壤物理、化学及生物学指标共同构成了贺兰山东麓股酿酒葡萄主栽区土壤质量评价的基础，但土壤类型的差异，土壤性质的时空变异，不同指标之间量纲的差别，以及多数指标较高的测定成本，驱动着进行土壤质量评价时，尽可能从大量土壤物理、化学、生物学参数中严格选取对土壤质量敏感的评价参数构成最小数据集，从而更加方便用于指导栽培规划与生产管理。采用灰色关联度分析法和主成分分析法，从33个指标中经过线性变换、分组、相关分析检验等过程，得到一个能最大限度地代表所有候选土壤参数而又尽可能少的损失这些候选参数所包含的土壤质量信息的最小数据集，且二者综合质量评价结果基本一致；这一数据集由物理质量指标中的质地、容重和田间持水量，化学质量指标中的有机质、速效钾、有效钙，生物学质量指标中的过氧化氢酶活性和微生物区系总量共8项关键指标共同构成。

　　土壤容重对酿酒葡萄的生长限制权重较高，说明影响贺兰山东麓酿酒葡萄生长的主要土壤物理因子为土壤容重；土壤砂粒含量对酿酒葡萄品质的影响权重极高，说明影响贺兰山东麓酿酒葡萄品质的主要物理因子为土壤质地；土壤田间持水量决定了土壤贮水、蓄肥及水汽热调节能力，从而在酿酒葡萄田间管理中至关重要。土壤有机质在两项综合评价方法中均是最高，说明土壤有机质是限制贺兰山东麓酿酒葡萄生长和产量品质的最主要因子，提升有机碳贮存水平是贺兰山东麓酿酒葡萄产业可持续发展的首要任务；酿酒葡萄的价值最终以葡萄酒的品质反映出来，从而，土壤速效钾和有效钙含量是形成优质酿酒葡萄原料的两项极其重要的指标，二者也共同构成了贺兰山东麓酿酒葡萄原产地理保护区最有价值的独特土壤质量指标，在酿酒葡萄组分芳香类物质形成中占很高比例。土壤生物学指标综合评价占权重均较低，过氧化氢酶和微生物总量占比相对较高，地处半干旱区的贺兰山东麓酿酒葡萄栽培于逆境环境中，寒、旱、瘠薄、强碱性等均能造成生物体中过氧化氢的积累，高量过氧化氢酶活性显然是保护机体免于损伤的利器，而微生物总量与有机碳水平有直接的关系，无疑在表征土壤质量方面起着极其重要的作用。

第八章　主要结果及研究创新点

第一节　主要结果

一、贺兰山东麓酿酒葡萄产区土壤物理性质

贺兰山东麓酿酒葡萄产区土壤以灰钙土为主，同时包含了少量风沙土、砾质砂土和灌淤土。灰钙土区与风沙土区土壤含水量低，表层土壤沙化严重，砂粒含量高，土质砂壤，有机质和黏粒含量低，容重大，不利于葡萄根系发育；但有利于优质原料的生产；而灌淤土区粉粒和黏粒含量高，质地多为中壤，容重相对降低，土壤持水能力强，有利于葡萄根系生长，但不利于生产高品质酿酒葡萄原料。

除灌淤土外，贺兰山东麓土壤砂性强，砂粒含量平均超过了 50%；该区域整体团聚体数量较少，尤其优势水稳性团聚体所占的比例较低，种植耕作有利于该地区团粒结构的形成；砂质土壤容重普遍偏大，平均达到 $1.55\ g \cdot cm^{-3}$ 以上，超过了健康园艺土壤的质量标准；通过开沟定植及深施有机肥的方式可以有效降低土壤容重。该区域耕作层主要以通气孔隙和毛管孔隙为主，钙积层分布区非活性孔隙数量偏高，破除钙积层有利于葡萄根区空气交换；该地区土壤保水能力较差，土壤分布类型为上砂下黏型，上层饱和含水量较高，而下层田间持水量较高；酿酒葡萄根区主要分布在 20~60 cm 深度，不同土层物理性质空间变异系数较高；采用深沟浅栽打破土壤层次、客土、秸秆与有机肥还田的方式改良土壤物理性质是创造优良葡萄园的重要基础。

二、贺兰山东麓酿酒葡萄产区土壤化学性质

贺兰山东麓土壤属于石灰性土壤，pH 值超过 8.3，高者达到 9.21，强碱性，从而抑制酿酒葡萄根系的正常生长和磷、钙、镁及铁、锰、铜、锌、硼等营养元素的有效供应；受洪积扇地貌与弱风化作用制约，土壤全盐含量整体维持在 $0.3\ g \cdot kg^{-1}$ 左右，且以硫酸盐和氯化物为主，并不足以对酿酒葡萄的正常生长带来危害；土

壤有机质含量匮乏，大都小于最低的六级水平，远不能满足优质稳产的要求，且随着深度的增加而降低，严重影响了酿酒葡萄的生长和土壤的改良效果，需加大有机培肥力度，加深施肥深度；土壤全氮和碱解氮含量随种植年限的增加有所提升，但受硝化作用和砂性土壤漏水漏肥的影响，整体偏低，需根据目标产量需求适量补充氮肥；土壤全磷和有效磷含量整体偏低，在碱性环境下，磷的固定现象严重，有效性低，不利于根系发育和物质代谢；贺兰山东麓土壤速效钾含量偏低，受施肥方式影响，速效钾含量表层显著高于次表层和底层，钾肥施用量较低，施用时期不合理，氮磷钾肥的施用比例不协调；贺兰山东麓葡萄园土壤有效钙和有效镁含量丰富，极大地促进了优质酿酒葡萄原料的形成；土壤部分中微量元素全量较高，但有效性较差，水溶性的微量元素含量普遍偏低，以有效锌、有效铁最为缺乏，严重限制酿酒葡萄生长发育。贺兰山东麓百个个性化特色酒庄的建设目标和高品质葡萄酒酿酒要求，决定了高产并非主要的栽培追求目标。因此，通过好氧或厌氧发酵无害化处置秸秆、家畜粪肥中的病虫卵、杂菌、草种生活力，并大量深施于葡萄园，增加土壤有机质含量水平，促进土壤结构的形成和稳定性，保障稳产性，降低土壤 pH 值，活化土壤营养元素，促进葡萄根系生长发育，减少化学氮磷钾肥料的施用，是贺兰山东麓酿酒葡萄优势产区改善土壤化学质量的优选措施。

三、贺兰山东麓酿酒葡萄产区土壤质量的生物学指标

因贺兰山东麓酿酒葡萄园土壤有机质和土壤水分含量偏低，葡萄种植后降低了微生物代谢过程中能量利用效率，维持微生物活性需要消耗更多的碳源；土壤微生物代谢熵随定植年限的增加而降低，土壤基础呼吸速率与有机碳的比率相应下降；土壤微生物群落以细菌为主，细菌数量直接影响微生物群落数量；贺兰东麓酿酒葡萄园土壤酶活性与土壤肥力之间存在明显相关性，尤其土壤脲酶、磷酸酶和蔗糖酶活性与土壤有机质和全氮含量呈明显正相关；微生物量氮含量不受土壤全氮含量的影响，但微生物量磷随着定植年限和施肥量的增加显著增加；种植年限和施肥方式对酿酒葡萄园土壤酶活性和微生物量碳氮磷有显著影响。

完全腐熟的有机物料的大量施入，能够有效调理土壤，激活土壤中微生物活性，促进酶活性，克服土壤板结，增加土壤空气通透性，减少水分流失与蒸发，减轻干旱的压力，增加保肥性，减少化肥与盐碱损害，从而改善作物农艺性状，增强葡萄抗病性和抗逆性，提高土壤肥力，达到稳产并逐步增产，是提升土壤微生物质量的理想途径。

四、贺兰山东麓酿酒葡萄产区土壤质量指标与酿酒葡萄生长发育及品质之间的相关性

贺兰山东麓酿酒葡萄产区土壤类型以灰钙土为主，还有部分风沙土和砾质砂土，其突出的特点是砂粒含量平均超过了 50%；一般认为砂质土壤颗粒间孔隙大，小孔隙少，毛细管作用弱，保水性差，很难形成较高的产量。但本研究表明，砂质土通透性良好，偏高的土壤砂粒含量能显著提高可溶性固形物、总酚和单宁的含量，并明显降低可滴定酸含量，保持合理的糖酸比；中下层适量的土壤黏粒含量有利于促进花色苷的累积；高糖适酸和幽雅的香气是酿造高档葡萄酒难得的原料，这也正是贺兰山东麓作为我国酿酒葡萄的最佳原产地保护区的特质所在，酿酒葡萄贵在品质而非产量，极佳的品质使得贺兰山东麓的某些生态条件甚至优于世界许多著名的酿酒葡萄产区。

较高的土壤容重成为限制贺兰山东麓酿酒葡萄根系生长的主因之一，二者呈极显著负相关，从而限制酿酒葡萄地上部分的生长和产量，并进一步导致总糖等品质因素不良。通气孔隙与葡萄根量和根系深度显著正相关，与总糖含量极显著正相关；毛管孔隙更进一步显著促进新梢长、副梢数、根量、根深及相应的产量；非活性孔隙则典型表现为抑制各项生长发育和产量品质指标，并显著抑制产量；通过增加秸秆、有机物料的施入，并结合深松深翻改良土壤质地和结构，主要是改善土壤紧实度和通气状况，显然是贺兰山东麓酿酒葡萄产区应常抓不懈的管理措施。

土壤田间持水量是土壤质地、结构、孔隙性状的综合表现，从而从百叶重、叶绿素含量、新梢长、副梢数、根量、根深等更加宽泛的领域表现出其显著的影响能力，进而显著影响葡萄产量。品质对酿酒葡萄固然重要，但产量与品质并非不可调和的矛盾，通过改土培肥自然能改善土壤田间持水能力，从而促进葡萄生长和产量。

pH 值高明显抑制酿酒葡萄各项生长发育指标，也导致产量和总糖等指标较差；贺兰山东麓土壤 pH 值普遍达到强碱性，主因环境中丰富的 CO_3^{2-} 和 HCO_3^- 及其相关盐分的自毒性所致，加之高 pH 值几何级数级降低金属营养元素的有效供给，进一步抑制葡萄生长；通过增加有机物料的投入并主要靠有机酸改良葡萄根际环境 pH 值才能一劳永逸地促进葡萄的产量和品质。同高 pH 值一样，土壤全盐含量与葡萄生长发育指标也显著负相关，其抑制作用显而易见；葡萄不耐盐，选择建园时必需避开次生盐渍化发生的区域，好在贺兰山东麓酿酒葡萄规划种植区普遍含盐量很低。

土壤有机质及与其紧密相关的全氮毫无疑问成为决定酿酒葡萄生长指标和生

理指标的关键因素，有机质含量越高，葡萄地上地下部分生长越旺盛，产量也越高，可溶性固形物、花色苷、总酚和单宁含量等品质指标也越好。贺兰山东麓酿酒葡萄种植规划区成土条件较差，自然植被多为荒漠草原，从而自然土壤有机质分布频次最高的区位出现在 2.49 g·kg^{-1} 的低水平；好在生产中普遍重视有机肥的施用，从而产量和品质均随种植年限的延长而提升。土壤全磷与百叶鲜重、副梢数及根量极显著正相关，从而显著提高葡萄产量；石灰性土壤普遍缺磷，增加施磷量和施磷深度对树体健壮十分有利。

速效性氮、磷、钾养分均能显著促进酿酒葡萄的地下和地上部分生长发育，氮素主要表现在对生长与生理指标的改善，磷素显著提高浆果含糖量与花色苷并降低总酸，而土壤速效钾能显著影响酿酒葡萄产量和品质，对总酚和可滴定酸影响最大；速效钾含量与果汁 pH 值显著负相关，钾有利于光合作用并促进合成产物向子实中转运，葡萄果实的转色实际是前期合成的有机酸向糖和芳香族物质的转换，好的酿酒葡萄体现在风味独特，钾与葡萄果实可滴定酸之间的关系，钾与葡萄酒质的关系值得深入研究。石灰性土壤的高 pH 值常造成金属营养元素的供应不足，抑制植物生长；有效锌和有效锰均对副梢数有一定促进作用，从而改善光合作用；有效锌还可以显著提升总糖的含量；有效锰则显著促进花色苷和总酚，有利于提升葡萄酒的品质；值得关注的是，富含碳酸钙的石灰性土壤，有效钙也显著提高花色苷和总酚含量，同样有利于提升葡萄酒的品质。

贺兰山东麓洪积母质、洪积扇地形、荒漠草原、半干旱气候等自然条件下形成的土壤从肥力的角度而言可以用贫瘠概括，其生物活性指标与种植仅数年的酿酒葡萄生长发育和产量品质之间尚不存在显著的紧密关系。但外源碳氮磷的投入提升了蔗糖酶、脲酶、磷酸酶的活性，从而与葡萄根量之间有较高的相关性；有机物料的投入是该区域促产提质的根本措施，从而微生物生物量碳氮磷与葡萄总糖之间也有着较高的相关性。

五、贺兰山东麓酿酒葡萄产区土壤质量综合评价指标的构建

在保证酿酒葡萄品质的前提下尽可能提高酿酒葡萄产量是贺兰山东麓酿酒葡萄产区技术关键与主攻方向。葡萄的产量与品质则或多或少地与土壤的物理、化学和生物学质量指标存在着某种紧密的联系。既考虑生长发育与产量，又顾及品质时，灰色关联度分析给出的土壤质量指标综合评价影响大小顺序为：速效钾（0.962）＞土壤砂粒（0.887）＞有机质（0.862）＞容重（0.826）＞土壤黏粒（0.771）＞全盐（0.766）＞土壤粉粒＞（0.760）＞通气孔隙（0.759）＞有效锰（0.711）＞pH 值（0.705）＞有效磷（0.670）＞全氮（0.651）有效锌（0.637）＞毛管孔隙度（0.617）＞碱解氮（0.595）＞有效铜（0.595）＞酸性磷酸酶活性（0.587）＞

全磷（0.560）＞微生物量磷（0.556）＞脲酶活性（0.555）＞真菌（0.515）＞微生物量氮（0.507）＞其他。而主成分分析给出的土壤质量指标综合评价影响大小顺序为：有效锌（0.357）、土壤黏粒（0.327）、有效锰（0.312）、＜0.25 mm团粒（0.304）、脲酶活性（0.294）、非毛管孔隙度（0.275）、微生物量碳（0.274）、全盐（0.267）、碱解氮（0.267）、速效钾（0.229）、有效磷（0.226），以及有土壤粉粒（-0.322）、田间持水量（-0.318）、毛管孔隙度（-0.315）微生物量氮（-0.294）等。按照权重排序，有机质最大（12.46%），砂粒其次（10.83%），有效钙第三（8.34%）、全氮、全磷、容重、田间持水量、孔隙性状、速效钾、有效锌、有效锰等均有较高的贡献率。

可以看出，两种方法得到的综合质量评价结果基本一致；从代表性、经济性、重现性、可操作性等多方面考虑，综合各类信息，从33个指标中得到了一个能最大限度地代表所有候选土壤参数而又尽可能少地损失这些候选参数所包含的土壤质量信息的最小数据集，分别由物理指标中的质地、容重和田间持水量，化学指标中的有机质、速效钾、有效钙，生物学指标中的过氧化氢酶活性和微生物区系总量共8项关键指标共同构成。这一综合评价指标体系能够有效反映贺兰山东麓酿酒葡萄园土壤自身质量优劣，也能充分反映土壤质量与酿酒葡萄产量品质的紧密关系，从而能够用于保持和提高土壤质量，优化区域土地资源管理以及土地的持续利用，并有力促进贺兰山东麓国际酿酒葡萄优势产区酿酒葡萄产业的可持续发展。

第二节　主要创新点

宁夏贺兰山东麓酿酒葡萄产区因其得天独厚的自然条件，在土地资源、灌溉条件、水热系数、温度、温差等方面优势突出，被国内外专家确认为世界酿酒葡萄生长最佳生态区之一。但影响该地区优质酿酒葡萄品质形成的关键土壤因子尚不明晰，赤霞珠、蛇龙珠、梅鹿辄等众多的欧亚品种栽培适应性、单品酒种差异化栽培管理、特色酒庄建设等实践环节急需根据土壤质量的差异而分区管理。在国内外首次全面系统研究了贺兰山东麓酿酒葡萄主产区土壤物理、化学和生物学性质，进一步深入探讨了贺兰山东麓酿酒葡萄产区各土壤质量指标对酿酒葡萄生长及品质的影响，进而对指导国际公认的贺兰山东麓酿酒葡萄优势产区土壤质量进行定向培育，改善酿酒葡萄生长环境，促进酿酒葡萄生长发育，提升酿酒葡萄品质，进而提升葡萄酒的内在品质，提供了丰富的理论依据。本研究的创新点主要包括以下三点。

一是首次通过大样本数据采集和多元统计分析系统完整地研究了贺兰山东麓酿酒葡萄产区的土壤物理、化学和生物学指标，有针对性地分析了土壤质量因子与酿酒葡萄产量品质形成之间的关联度。明确了贺兰山东麓理想的酿酒葡萄园土壤应具有以下特征：首先是土层深厚，表土层浅薄，含沙量高，含孔隙多。这样的土壤可使葡萄藤的根系保持健康，让其向地层深处延伸，以汲取地下水和多种矿物质，增加葡萄酒的风味。其次是通气透水性好，既保证葡萄汲取到足够的水分，又不会造成枝叶繁茂徒长。最后是富含磷、铁、钾、钙等矿物质，既为葡萄生长提供足够的营养，也促使酿造的葡萄酒拥有特殊的风味。

二是构建了贺兰山东麓酿酒葡萄园土壤质量评价指标体系，从33个指标中得到了一个能最大限度的代表所有候选土壤参数而又尽可能少的损失这些候选参数所包含的土壤质量信息的最小数据集，分别由物理指标中的质地、容重和田间持水量，化学指标中的有机质、速效钾、有效钙，生物学指标中的过氧化氢酶活性和微生物区系总量共8项关键指标共同构成影响贺兰山东麓酿酒葡萄品质的核心指标。通过大量施用完全腐熟的有机肥或生物有机肥，致力于提高土壤有机质与钙、钾的含量，刺激微生物数量和活性，从而有效改善砂质土壤质地，降低土壤容重，增大土壤田间持水量，减少灌溉次数和灌溉用水量，是贺兰山东麓酿酒葡萄栽培中土肥水综合管理的最佳选择，理论意义重大。大量的田间试验和实践印证了其极强的指导性与可操作性。

三是明确了贺兰山东麓土壤生态条件优越的原因是适宜葡萄栽培的灰钙土（淡灰钙土）和风沙土两种主要土壤虽因贫瘠而葡萄产量低、但品质极佳，高糖适酸和幽雅的香气成为酿造高档葡萄酒难得的原料，源于其表层贫瘠，但通透性好，干旱少雨使得深层氮、磷、钾、铜、铁、镁、钙，以及微量元素得以保留与土体，富含砂砾的土壤既保持一定的湿度又不至于积存水分，极宜葡萄生长发育。印证了传统葡萄种植行业中盛传"土壤越贫瘠，越是产好酒的地方"，从而打破常规作物栽培最求高产的大水大肥管理理念，用打造高端葡萄酒的信念引导我们协调土壤环境与葡萄及葡萄酒之间的神秘关系，建立酿酒葡萄这一优势特色作物全新的土壤管理理论和方法体系，不仅能推动土壤学科的发展，更能推动自然学科拥有人文情怀而得到升华般的体验。

第三节　进一步研究方向

本研究从大尺度上基本掌握了土壤质量因子与酿酒葡萄品质之间的关系，由于土壤类型及酿酒葡萄品种差异较大，今后有必要进一步研究贺兰山东麓酿酒葡萄产区不同土壤类型上最适宜栽培的酿酒葡萄品种。

　　本研究目前只是针对贺兰山东麓已有酿酒葡萄园土壤进行了分析，并未全方位掌控该区域大面积适宜开发的土壤质量特点，今后有必要结合气候区划深入研究贺兰山东麓酿酒葡萄的土壤区划及品种区划。

参考文献

鲍士旦. 2000. 土壤农化分析[M]. 北京：中国农业出版社.

曹明霞. 2007. 灰色关联分析模型及其应用的研究[D]. 南京：南京航空航天大学.

曹志洪，周健民. 2008. 中国土壤质量[M]. 北京：科学出版社.

陈恩凤，周礼恺，邱凤琼. 1985. 土壤肥力实质的研究Ⅱ.棕壤[J]. 土壤学报，22（2）：113-119.

陈国潮. 1999. 土壤微生物量测定方法现状及其在红壤上的应用[J]. 土壤通报，30（6）：284-287.

陈留美，桂林国，吕家珑，等. 2008. 应用主成分分析和聚类分析评价不同施肥处理条件下新垦淡灰钙土土壤肥力质量[J]. 土壤，40（6）：971-975.

陈卫平，王劲松，尚红莺，等. 2006. 贺兰山东麓酿酒葡萄土壤资源特征及土壤管理对策[J]. 中外葡萄与葡萄酒（5）：22-24.

陈卫平，赵彦云. 2005.中国区域农业竞评价与分析——农业产业竞争力综合评价方法及其应用[J]. 管理世界，3：85-93.

陈云霞，常晓冰，赵复泉，等. 2006. 太原市葡萄园土壤养分现状与合理施肥[J]. 山西农业科学，34（2）：57-59.

单奇华，俞元春，张金池. 2007. 城市林业土壤质量评价[J]. 林业科技开发，21（5）：12-15.

邓聚龙. 1987. 灰色系统基本方法[M]. 武汉：华中工学院出版社.

杜章留，高伟达，陈素英，等. 2011. 保护性耕作对太行山前平原土壤质量的影响[J]. 中国生态农业学报，19（5）：1134-1142.

范海荣，常连生，王洪海，等. 2010. 城市草坪土壤肥力综合评价[J]. 草业科学，27（10）：17-22.

范涌. 2007. 基于TOPSIS的生态建筑综合评价方法研究[D]. 上海：上海交通大学.

付刚，刘增文，崔芳芳. 2008. 黄土残塬沟壑区不同人工林土壤团粒分形维数与基本特性的关系[J]. 西北农林科技大学学报（自然科学版）36（9）：101-107.

高桂芹，王秀玲，郑艳萍，等.2010. 唐山引种紫花苜蓿TOPSIS生态适宜性评价[J]. 中国农学通报，26（17）：378-381.

高耀庭，周涛，王世荣. 2001. 不同酿酒葡萄品种钾素营养特点及其吸收与利用研究[J]. 中国生态农业学报，9（2）：67-69.

关松荫. 1986. 土壤酶学研究方法[M]. 北京：农业出版社.

关松荫. 1989. 土壤酶活性影响因子的研究Ⅰ. 有机肥料对土壤中酶活性及氮磷转化的影响[J]. 土壤学报，26（1）：72-78.

郭洁，孙权，张晓娟，等.2013. 生物有机肥对酿酒葡萄生长、养分吸收及产量品质的影响[J]. 河南农业科学，41（12）：76-80.

郭俊伟. 1996. 土壤容重对玉米生长的影响[J]. 陕西农业科学（4）：25-26.

郭智芬，涂书新，张宜春. 1989. 土壤容重对土壤供氮能力及棉花吸收利用氮素的影响[J]. 核农学报，3（1）：16-22.

韩平，王纪华，潘立刚，等.2009. 北京郊区田块尺度土壤质量评价[J]. 农业工程学报，25（2）：228-234.

何其华，何永华，包维楷. 2003. 干旱半干旱区山地土壤水分动态变化[J]. 山地学报（2）：149-156.

何振立. 1997. 土壤微生物量及其在养分循环和环境质量评价中的意义[J]. 土壤，29（2）：61-69.

和文祥，朱铭莪. 1997. 陕西土壤脲酶与土壤肥力关系研究：Ⅱ. 土壤脲酶的动力学特征[J]. 土壤学报，34（1）：42-52.

贺普超. 1999. 葡萄学[M]. 北京：中国农业出版社.

侯永侠，周宝利，吴晓玲，等. 2006. 土壤灭菌对辣椒抗连作障碍效果[J]. 生态学杂志，25（3）：340-342.

胡春胜. 1999. 土壤质量诊断与评价理化指征及其应用[J]. 生态农业研究，7（3）：16-18.

吉艳芝，杨志新，文宏达，等. 2008. 葡萄品质与土壤地球化学关系研究进展[J]. 安徽农业科学，36（16）：6872-6874.

贾名波，史祥宾，翟衡，等.2014. 巨峰葡萄氮、磷、钾养分吸收与分配规律[J]. 中外葡萄与葡萄酒（3）：8-13.

贾文竹，赵振勋. 2004. 土地利用方式对土壤质量性状的影响[J]. 河北农业科学，8（1）：1-5.

姜培坤. 2005. 不同林分下土壤活性有机碳库研究[J]. 林业科学，41（1）：10-13.

蒋端生，曾希柏，张杨珠，等.2008. 土壤质量管理——土壤功能和土壤质量[J]. 湖南农业科学（5）：86-89.

金建良. 1999. 葡萄的土壤管理[J]. 中国土特产（5）：4.

康玲芬，李锋瑞，化伟，等. 2006. 不同土地利用方式对城市土壤质量的影响[J]. 生态科学，25（1）：59-63.

孔庆山. 2004. 中国葡萄志[M]. 北京：中国农业科学技术出版社.

李华. 1987. 优质葡萄生态区——四川小金[J]. 葡萄栽培与酿酒（1）：17-20.

李记明. 1999. 关于葡萄品质的评价指标[J]. 中外葡萄与葡萄酒（1）：54-57.

李记明，姜文广，于摇英. 2013. 土壤质地对酿酒葡萄和葡萄酒品质的影响[J]. 酿酒科技，7：

37–40.

李建和，林允钦. 1995. 氮钾营养与葡萄植株生长、产量及品质的关系[J]. 福建农业大学学报，
　　24（1）：58–62.

李军，黄林堂，李光道，等.2014. 葡萄生长所必需的营养元素[J]. 河北林业科技（5）：156–
　　158.

李坤，郭修武，孙英妮，等.2009. 葡萄连作对土壤细菌和真菌种群的影响[J]. 应用生态学报，
　　20（12）：3109–3114.

李淑玲，王小芹. 2000. 葡萄营养与施肥[J]. 北方园艺（3）：19–20.

李文超，孙盼，王振平. 2012. 不同土壤条件对酿酒葡萄生理及果实品质的影响[J]. 果树学报，
　　29（5）：837–842.

李延茂，胡江春，汪思龙，等. 2004. 森林生态系统中土壤微生物的作用与应用[J]. 应用生态学
　　报，15（10）：1943–1946.

李月芬，汤洁，李艳梅. 2004. 用主成分分析和灰色关联度分析评价草原土壤质量[J]. 世界地
　　质，23（2）：169–174.

李振高，骆永明，滕应.2008. 土壤与环境微生物研究方法[M]. 北京：中国农业出版社.

李志洪，王淑华. 2000. 土壤容重对土壤物理性状和小麦生长的影响[J]. 土壤通报，31（2）：
　　55–57.

李志明，周清，王辉. 2009. 土壤容重对红壤水分溶质运移特征影响的试验研究[J]. 水土保持学
　　报（5）：101–103.

梁锦绣，尚红莺. 2002. 不同酿酒葡萄品种对磷素的吸收利用及其效应研究[J]. 宁夏农林科技
　　（5）：10–13.

梁宗锁，康绍忠，石培泽，等.2000. 隔沟交替灌溉对玉米根系分布和产量的影响及其节水效益
　　[J]. 中国农业科学，33（6）：26–32.

林绍霞，张清海，崔斗斗，等. 2010. 鸟王茶产地土壤肥力数值化综合评价研究[J]. 贵州科学，
　　28（4）：53–58.

蔺海红，付琳琳，李恋卿，等.2013. 生物质炭对土壤特性及葡萄幼苗植株生长的影响[J]. 中国
　　农学通报，29（28）：195–200.

刘斌，张兆刚，霍功.2004. 中国三农问题报告：问题·现状·挑战·对策[M]. 北京：中国发展
　　出版社.

刘昌岭，任宏波，朱志刚，等.2006. 土壤中营养元素对葡萄产量与品质的影响[J]. 中外葡萄与
　　葡萄酒（4）：17–20.

刘利花，范崇辉，张立新，等. 2008. 半湿润易旱区红富士苹果园初夏土壤理化特性及施肥研
　　究[J]. 干旱地区农业研究，26（2）：28–32.

刘美英. 2009. 马家塔复垦区土壤质量评价及其平衡施肥研究[D]. 呼和浩特：内蒙古农业大学.

刘淑欣，熊德中，冯国文. 1993. 磷钾营养与葡萄产量、品质及抗病性的关系[J]. 福建农学院学报，22（2）：203-207.

刘文利，罗广军. 2006. 不同林型下土壤理化性质的差异研究[J]. 吉林林业科技，35（1）：26-28.

刘玉兰，郑有飞，张晓煜. 2006. 气象条件对酿酒葡萄品质影响的研究进展[J]. 中外葡萄与葡萄酒（1）：28-29.

刘占锋，傅伯杰，刘国华，等.2013. 土壤质量与土壤质量指标及其评价[J]. 生态学报，26（3）：901-913.

刘占锋，刘国华，傅伯杰，等. 2007. 人工油松林恢复过程中土壤微生物量 C、N 的变化特征[J]. 生态学报（3）：1011-1018.

龙健，黄昌勇，滕应，等. 2003. 矿区废弃地土壤微生物及其生化活性[J]. 生态学报，23（3）：496-503.

娄春荣，李学文，王秀娟，等. 2005. 北宁市葡萄主产区土壤肥力分析及施肥对策[J]. 辽宁农业科学（6）：21-23.

卢金伟，李占斌. 2002. 土壤团聚体研究进展[J]. 水土保持研究，9（1）：81-85.

陆景陵. 2003. 植物营养学（上）[M]. 北京：中国农业大学出版社.

路克国，朱树华，张连忠. 2003. 有机肥对土壤理化性质和红富士苹果果实品质的影响[J]. 石河子大学学报（自然科学版），7（3）：205-208.

吕春花. 2006. 子午岭地区植被恢复对土壤质量的影响研究[D]. 杨凌：西北农林科技大学.

吕忠恕. 1981. 果树生理[M]. 上海：上海科学技术出版社.

栾丽英，房玉林，宋士任，等. 2009. 不同树龄酿酒葡萄不同土壤深度根际和根区微生物数量的研究[J]. 西北林学院学报，24（2）：37-41.

罗国光，吴晓光，冷平. 2002. 华北酿酒葡萄区划研究[J]. 中外葡萄与葡萄酒（2）：16-21.

马云华，王秀峰，魏珉，等.2005. 黄瓜连作土壤酚酸类物质积累对土壤微生物和酶活性的影响[J]. 应用生态学报，16（11）：2149-2153.

毛青兵. 2003. 天台山七子花群落下土壤微生物量的季节动态[J]. 生物学杂志，20（3）：16-18.

穆兰. 2014. 覆盖对温室辣椒生理特性及土壤环境的影响研究[D]. 杨凌：中国科学院研究生院.

宁鹏飞. 2012. 避雨栽培对酿酒葡萄果实品质及葡萄酒质量的影响[D]. 杨凌：西北农林科技大学.

朴河春，余登利，刘启明，等. 2000. 林地变为玉米地后土壤轻质部分有机碳的 $^{13}C/^{12}C$ 比值的变化[J]. 土壤与环境，9（3）：218-222.

祁迎春，王益权，刘军. 2011. 不同土地利用方式土壤团聚体组成及几种团聚体稳定性指标的比较[J]. 农业工程学报，27（1）：340-347.

秦华，徐秋芳，曹志洪. 2010. 长期集约经营条件下雷竹林土壤微生物量的变化[J]. 浙江林学院学报（1）：1-7.

全国土壤普查办公室. 1998. 中国土壤[M]. 北京：中国农业出版社.

邵明安，吕殿青，付晓莉，等. 2007. 土壤持水特征测定中质量含水量、吸力和容重三者间定
量关系 I. 填装土壤[J]. 土壤学报（6）：1003-1009.

施明，孙权，王锐，等. 2013. 贺兰山东麓酿酒葡萄园土壤微量营养元素及微肥施用进展[J]. 中
外葡萄与葡萄酒（2）：59-63.

侍朋宝，陈海菊，张振文. 2009. 山地酿酒葡萄园土壤理化性质分析[J]. 土壤，41（3）：495-499.

隋红建，饶纪龙. 1996. 几种土壤的磷吸持动力学及其影响因素的研究[J]. 土壤，28（1）：
30-33.

孙波，赵其国. 1997. 土壤质量与持续环境：Ⅲ. 土壤质量评价的生物学指标[J]. 土壤，29
（5）：225-234.

孙蕾，王益权，张育林，等. 2011. 种植果树对土壤物理性状的双重效应[J]. 中国生态农业学
报，19（1）：19-23.

孙蕾. 2010. 渭北地区果园土壤质量演变趋势[D]. 杨凌：西北农林科技大学.

孙权，王静芳，王素芳，等. 2007. 不同施肥深度对酿酒葡萄叶片养分和产量及品质的影响[J].
果树学报，24（4）：455-459.

孙权，张学英，王振平，等. 2008. 宁夏贺兰山东麓葡萄基地土壤微量元素分布状况[J]. 中外葡
萄与葡萄酒（2）：4-8.

孙权. 2004. 农业资源与环境质量分析方法[M]. 银川：宁夏人民出版社.

孙瑞莲，周启星. 2004. 植物对金属抗性中有机酸的作用及其机理[C]//第二届全国环境化学学术
报告会论文集. 北京：中国化学会.

唐美玲，郑秋玲，张超杰，等. 2013. 烟台地区葡萄园的土壤营养状况分析[J]. 北方园艺
（24）：164-166.

汪文霞，周建斌，严德翼，等. 2007. 黄土区不同类型土壤微生物量碳、氮和可溶性有机碳、
氮的含量及其关系[J]. 水土保持学报，20（6）：103-106.

王东升，张亚丽，陈石，等. 2007. 不同氮效率水稻品种增硝营养下根系生长的响应特征[J]. 植
物营养与肥料学报，13（4）：585.

王国兵，郝岩松，王兵，等. 2006. 土地利用方式的改变对土壤呼吸及土壤微生物量的影响[J].
北京林业大学学报，28（2）：73-79.

王恒旭，王文成，胡永华，等. 2006. 杞县大蒜产区土壤及大蒜中营养元素化学特征研究[J]. 安
徽农业科学，34（6）：1179-1181.

王恒振，吴新颖，亓桂梅，等. 2011. 贵妃玫瑰葡萄塑料大棚栽培技术[J]. 中外葡萄与葡萄酒
（6）：40-42.

王宏安，李记明，姜文广，等. 2013. 土壤质地对蛇龙珠葡萄酿酒品质的影响[J]. 中外葡萄与葡

萄酒（4）：24–27.

王会利，唐玉贵，韦娇媚. 2010. 低效林改造对土壤理化性质及水源涵养功能的影响[J]. 中国水土保持科学，8（5）：72–78.

王纪杰. 2011. 桉树人工林土壤质量变化特征[D]. 南京：南京林业大学.

王建国，单艳红. 2001. 模糊数学在土壤质量评价中的应用研究[J]. 土壤学报，38（2）：176–183.

王静芳，孙权. 2007. 宁夏贺兰山东麓酿酒葡萄发展的肥力制约因素与改良措施[J]. 农业科学研究，28（1）：24–28.

王留好，同延安，刘剑. 2008. 陕西渭北地区苹果园土壤有机质现状评价[J]. 干旱地区农业研究，25（6）：189–192.

王锐，孙权，郭洁，等.2013. 贺兰山东麓砂质酿酒葡萄园土壤水分分布研究[J]. 灌溉排水学报（1）：69–73.

王探魁，吉艳芝，张丽娟，等.2011. 不同产量水平葡萄园水肥投入特点及其土壤——树体养分特征分析[J]. 水土保持学报，25（3）：136–141.

王探魁. 2011. 河北葡萄主产区土壤与树体养分特征研究[D]. 保定：河北农业大学.

王忠孝. 1999. 山东玉米[M]. 北京：中国农业出版社.

魏勇，张焕朝，张金龙. 2003. 杨树根际土壤磷的分布特征及其有效性[J]. 南京林业大学学报（自然科学版），27（5）：20–24.

温鹏飞，牛兴艳，邢延富，等.2013. 土壤干旱对葡萄果实中黄烷醇类多酚时空积累及隐色花色素还原酶活性、组织定位的影响[J]. 中国农业科学，46（14）：2979–2989.

乌云. 2008. 大青山油松人工林土壤物理特征及水分动态研究[D]. 呼和浩特：内蒙古农业大学.

吴凤芝，王学征. 2007. 设施黄瓜连作和轮作中土壤微生物群落多样性的变化及其与产量品质的关系[J]. 中国农业科学，40（10）：2274–2280.

吴金水，肖和艾. 2003. 旱地土壤微生物磷测定方法研究[J]. 土壤学报，40（1）：70–78.

向双. 2002. 岷江上游干旱河谷葡萄的土宜和生态布局研究[D]. 雅安：四川农业大学.

熊东红，贺秀斌，周红艺. 2005. 土壤质量评价研究进展[J]. 世界科技研究与发展，27（1）：71–75.

徐秋芳，周国模，邬奇峰，等.2007. 种植绿肥对板栗林土壤养分和生物学性质的影响[J]. 北京林业大学学报，29（3）：120–123.

徐淑伟，刘树庆，杨志新，等.2009. 葡萄品质的评价及其与土壤质地的关系研究 ①[J]. 土壤，41（5）：790–795.

徐淑伟. 2009. 张家口葡萄产区生态地球化学环境评价[D]. 保定：河北农业大学.

严巧娣，苏培玺. 2005. 不同土壤水分条件下葡萄叶片光合特性的比较[J]. 西北植物学报，25（8）：1601–1606.

杨慧慧，王振华，何新林，等. 2011. 极端干旱区葡萄滴灌耗水规律试验研究[J]. 节水灌溉
　（2）：24-28.

杨文治，邵明安，彭新德，等.1998. 黄土高原环境的旱化与黄土中水分关系[J]. 中国科学 D 辑
　（4）：357-365.

杨晓燕，朱雪莲. 2002. 无核白葡萄施用钾肥肥效试验[J]. 新疆农业科技（4）：10.

杨玉盛，俞新妥，邱仁辉，等. 1999. 不同栽杉代数根际土壤肥力及生物学特性变化[J]. 应用与
　环境生物学报，5（3）：254-258.

姚槐应，何振立，黄昌勇. 2003. 不同土地利用方式对红壤微生物多样性的影响[J]. 水土保持学
　报，17（2）：51-54.

姚慧敏，张孙燕，郑磊，等. 2013. 2 种不同种植方式下葡萄园土壤微生物的多样性[J]. 江苏农
　业科学，41（8）：372-374.

袁志发，周静芋，郭满才，等. 2001. 决策系数——通径分析中的决策指标[J]. 西北农林科技大
　学学报（自然科学版），29（5）：131-133.

翟衡. 1994. 阿尔萨斯地区葡萄品种与酒种[J]. 酿酒科技（2）：62-63.

翟衡，杜金华，管雪强. 2001. 酿酒葡萄栽培及加工技术[M]. 北京：中国农业出版社.

张成娥，陈小莉，郑粉莉. 1998. 子午岭林区不同环境土壤微生物量与肥力关系研究[J]. 生态学
　报，18（2）：218-222.

张甘霖，谢正苗，吕晓男. 2010. 土壤质量指标与评价（Vol. 4）[M]. 北京：科学出版社.

张国印，王丽英，王世友，等.2004. 土地利用方式对土壤质量性状的影响[J]. 河北农业科学，8
　（1）：1-5.

张佳华. 1997. 主成分分析对恢复过去植被和环境作用的再分析——以北京坟庄剖面为例[J]. 地
　理科学，17（4）：316-322.

张磊，张晓煜，亢艳莉，等.2008. 土壤肥力对酿酒葡萄品质的影响[J]. 江西农业大学学报，30
　（2）：226-229.

张明霞，吴玉文，段长青. 2008. 葡萄与葡萄酒香气物质研究进展[J]. 中国农业科学，41
　（7）：2098-2104.

张强，张良，崔显成，等.2011. 干旱监测与评价技术的发展及其科学挑战[J]. 地球科学进展，
　26（7）：763-778.

张润楚. 2006. 多元统计分析[M]. 北京：科学出版社.

张仕颖，张乃明，王瑾. 2015. 不同种植年限葡萄根际微生物区系及其与肥力因子的相关分析
　[J]. 云南农业大学学报（自然科学），30：101-106.

张水清，黄绍敏，郭斗斗. 2011. 主成分分析在潮土土壤肥力评价中的应用[J]. 河南农业科学，
　40（4）：82-86.

张同娟，王益权，刘军，等.2007. 黄土地区影响土壤膨胀性的因子分析[J]. 西北农林科技大学

学报（自然科学版），35（6）：185–189.

张小卓，秦太峰，张乃明. 2013. 云南弥勒葡萄园土壤肥力特征与评价[J]. 西南农业学报，26（6）：2380–2385.

张晓娟，孙权，郭洁，等. 2012. 贺兰山东麓风沙土区三年生酿酒葡萄磷肥效应研究[J]. 北方园艺（18）：181–185.

张晓煜，韩颖娟，张磊，等. 2008. 基于 GIS 的宁夏酿酒葡萄种植区划[J]. 农业工程学报，23（10）：275–278.

张学雷，张甘霖. 2001. 海南岛土壤质量的指标与量化表达研究[J]. 应用生态学报，12（4）：549–552.

章康保，夏光利. 1992. 泰安市耕地土壤有效态微量元素含量、分布及相互关系[J]. 土壤通报，23（5）：213–214.

赵永志，吴文强，刘学鉴，等. 2003. 葡萄的氮钾配比试验研究[J]. 中国农学通报，19（1）：42–43.

郑华，欧阳志云，方治国，等. 2004. BIOLOG 在土壤微生物群落功能多样性研究中的应用[J]. 土壤学报，41（3）：456–461.

周广峰，刘欣. 2011. 主成分分析法在水环境质量评价中的应用进展[J]. 环境科学导刊，30（1）：75–78.

周涛，何宝银，王波. 2004. 风沙土氮素运动及对麻黄生长的影响[J]. 水土保持学报，17（4）：11–14.

周涛，梁锦绣，尚红莺. 2004. 风沙土钾素资源特征及对酿酒葡萄的影响[J]. 中国农业科学，37（2）：244–249.

朱本岳，杨玉爱，叶正钱，等. 1995. 葡萄施钾效应的研究[J]. 浙江农业大学学报，21（4）：429–430.

朱建平. 2006 应用多元统计分析[M]. 北京：科学出版社.

朱兆良. 2008. 中国土壤氮素研究[J]. 土壤学报，45（5）：778–783.

祝尚东，苗积广. 1997. 试论葡萄的产地效应[J]. 葡萄栽培与酿酒（1）：6–11.

庄恒扬，刘世平，沈新平，等. 1999. 长期少免耕对稻麦产量及土壤有机质与容重的影响[J]. 中国农业科学，32（4）：39–44.

邹诚，徐福利，闰亚丹. 2008. 黄土高原丘陵沟不同土地利用模式对土壤机械组成和速效养分影响分析[J]. 中国农学通报，24（12）：424–427.

Al-Asadi R A, Mouazen A M. 2014. Combining frequency domain reflectometry and visible and near infrared spectroscopy for assessment of soil bulk density [J]. Soil and Tillage Research, 135：60-70.

Anderson J P E, Domsch K H. 1980. Quantities of plant nutrients in the microbial biomass of selected soils [J]. Soil Science, 130 (4): 211-216.

Bandick A K, Dick R P. 1999. Field management effects on soil enzyme activities [J]. Soil Biology and Biochemistry, 31 (11): 1471-1479.

Barbhuiya A R, Arunachalam A, Pandey H N, et al. 2004. Dynamics of soil microbial biomass C, N and P in disturbed and undisturbed stands of a tropical wet-evergreen forest [J]. European Journal of Soil Biology, 40 (3): 113-121.

Bastida F, Zsolnay A, Hernández T, et al. 2008. Past, present and future of soil quality indices: a biological perspective [J]. Geoderma, 147 (3): 159-171.

Baveye P C. 2014. The characterization of pyrolysed biomass added to soils needs to encompass its physical and mechanical properties [J]. Soil Science Society of America Journal, 78 (6): 2112-2113.

Beraldo J M, Scannavino Junior F D A, Cruvinel P E. 2014. Application of x-ray computed tomography in the evaluation of soil porosity in soil management systems [J]. Engenharia Agrícola, 34 (6): 1162-1174.

Bergstrom D W, Monreal C M, King D J. 1998. Sensitivity of soil enzyme activities to conservation practices [J]. Soil Science Society of America Journal, 62 (5): 1286-1295.

Błońska E, Lasota J. 2014. Biological and biochemical properties in evaluation of forest soil quality [J]. Folia Forestalia Polonica, 56 (1): 23-29.

Bowles T. M, Acosta-Martinez V, Calderon F, et al. 2014. Soil enzyme activities, microbial communities, and carbon and nitrogen availability in organic agroecosystems across an intensively-managed agricultural landscape [J]. Soil Biology and Biochemistry, 68: 252-262.

Brookes P C. 1995. The use of microbial parameters in monitoring soil pollution by heavy metals [J]. Biology and Fertility of soils, 19 (4): 269-279.

Brookes P. C, Powlson D S, Jenkinson D S. 1982. Measurement of microbial biomass phosphorus in soil [J]. Soil biology and biochemistry, 14 (4): 319-329.

Buchan D, Moeskops B, Ameloot N, et al. 2012. Selective sterilisation of undisturbed soil cores by gamma irradiation: effects on free-living nematodes, microbial community and nitrogen dynamics [J]. Soil Biology and Biochemistry, 47: 10-13.

Carter J N, Shutler J D, et al. 2002. New advances in automatic gait recognition [J]. Information Security Technical Report, 7 (4): 23-35.

Carter E A, Shaw J N. 2002. Correlations and spatial variability of soil physical properties in harvested piedmont forests [J]. In Proceedings of the sixth international conference on precision agriculture : 130-142.

Cederlund H, Wessén E, Enwall K, et al. 2014. Soil carbon quality and nitrogen fertilization structure bacterial communities with predictable responses of major bacterial phyla [J]. Applied Soil Ecology, 84: 62-68.

Chantigny M H, Angers D A, Beauchamp C J. 2000. Decomposition of de-inking paper sludge in agricultural soils as characterized by carbohydrate analysis [J]. Soil Biology and Biochemistry, 32 (11): 1561-1570.

Chen C T. 2000. Extensions of the TOPSIS for group decision-making under fuzzy environment [J]. Fuzzy sets and systems, 114 (1): 1-9.

Cheng H M, Li F, Su G, et al. 1998. Large-scale and low-cost synthesis of single-walled carbon nanotubes by the catalytic pyrolysis of hydrocarbons [J]. Applied Physics Letters, 72 (25): 3282-3284.

Cheng M, Xiang Y, Xue Z, et al. 2015. Soil aggregation and intra-aggregate carbon fractions in relation to vegetation succession on the Loess Plateau [J]. China. Catena, 124: 77-84.

Clarke O. Oz Clarke's 2002. New Wine Atlas: Wines Wine Regions of the World[R]. Harcourt, Incorporated.

Coats V. C, Pelletreau K N, Rumpho, M. E. 2014. Amplicon pyrosequencing reveals the soil microbial diversity associated with invasive Japanese barberry (Berberis thunbergii DC.) [J]. Molecular ecology, 23 (6): 1318-1332.

Cong W F, Hoffland E, Li L, et al. 2015. Intercropping affects the rate of decomposition of soil organic matter and root litter [J]. Plant and Soil: 1-13.

Conradie W J, Saayman D. 1989. Effects of long-term nitrogen, phosphorus, and potassium fertilization on Chenin blanc vines. II. Leaf analyses and grape composition [J]. American journal of enology and viticulture, 40 (2): 91-98.

Costa J C, Borges J A R, Pires L F. 2014. Effect of collimator size and absorber thickness on soil bulk density evaluation by gamma-ray attenuation [J]. Radiation Physics and Chemistry, 95: 333-335.

Crews T E, Brookes P C. 2014. Changes in soil phosphorus forms through time in perennial versus annual agroecosystems [J]. Agriculture, Ecosystems & Environment, 184: 168-181.

Ditzler C A, Tugel A J. 2002. Soil quality field tools [J]. Agronomy Journal, 94 (1): 33-38.

Doran J W, Parkin T B. 1994. Defining and assessing soil quality [J]. Defining soil quality for a sustainable environment, (definingsoilqua): 1-21.

Elhottová D, Szili-Kovács T, Tříska J. 2002. Soil microbial community of abandoned sand fields [J]. Folia microbiologica, 47 (4): 435-440.

Elliott E T, Paustian K, Frey S D. 1996. Modeling the measurable or measuring the modelable: A hierarchical approach to isolating meaningful soil organic matter fractionations [J]. In Evaluation of soil organic matter models. Springer Berlin Heidelberg, 161-179.

Evangelou M W, Brem A, Ugolini F, et al. 2014. Soil application of biochar produced from biomass grown on trace element contaminated land [J]. Journal of environmental management, 146 : 100-106.

Fernández-Marín M I, Guerrero R F, García-Parrilla M C, et al. 2013. Terroir and variety: two key factors for obtaining stilbene-enriched grapes [J]. Journal of Food Composition and Analysis, 31 (2): 191-198.

Fisk M C, Ratliff T J, Goswami S, et al. 2014. Synergistic soil response to nitrogen plus phosphorus fertilization in hardwood forests [J]. Biogeochemistry, 118 (1-3): 195-204.

Fisk M, Santangelo S, Minick K. 2015. Carbon mineralization is promoted by phosphorus and reduced by nitrogen addition in the organic horizon of northern hardwood forests [J]. Soil Biology and Biochemistry, 81: 212-218.

García-Ruiz R, Ochoa V, Vinegla B, et al. 2009. Soil enzymes, nematode community and selected physico-chemical properties as soil quality indicators in organic and conventional olive oil farming: influence of seasonality and site features [J]. Applied Soil Ecology, 41 (3): 305-314.

Ghimire R, Norton J B, Pendall E. 2014. Alfalfa-grass biomass, soil organic carbon, and total nitrogen under different management approaches in an irrigated agroecosystem [J]. Plant and soil, 374 (1-2): 173-184.

Ghoshal N, Singh K P. 1995. Effects of farmyard manure and inorganic fertilizer on the dynamics of soil microbial biomass in a tropical dryland agroecosystem [J]. Biology and Fertility of Soils, 19 (2-3): 231-238.

Giacometti C, Cavani L, Baldoni G, et al. 2014. Microplate-scale fluorometric soil enzyme assays as tools to assess soil quality in a long-term agricultural field experiment [J]. Applied Soil Ecology, 75：80-85.

Giller K E, Witter E, Mcgrath S P. 1998. Toxicity of heavy metals to microorganisms and microbial processes in agricultural soils: a review. Soil Biology and Biochemistry, 30 (10): 1389-1414.

Gómez-Míguez M J, Gómez-Míguez M, Vicario I M, et al. 2007 Assessment of colour and aroma in white wines vinifications: Effects of grape maturity and soil type [J]. Journal of food engineering, 793: 758-764.

Govaerts R. 2006. World Checklist of Monocotyledons[M]. The Board of Trustees of the Royal Botanic Gardens, Kew.

Haling R E, Brown L K, Bengough A G, et al. 2014. Root hair length and rhizosheath mass depend on soil porosity, strength and water content in barley genotypes [J]. Planta, 239 (3): 643-651.

Han W, Gong Y, Ren T, et al. 2014. Accounting for Time-Variable Soil Porosity Improves the Accuracy of the Gradient Method for Estimating Soil Carbon Dioxide Production [J]. Soil Science

Society of America Journal, 78 (4): 1426-1433.

He Z L, Yang X E, Baligar V C, et al. 2003. Microbiological and biochemical indexing systems for assessing quality of acid soils [J]. Advances in Agronomy, 78: 89-138.

Heggelund L R, Diez-Ortiz M, Lofts S, et al. 2014. Soil pH effects on the comparative toxicity of dissolved zinc, non-nano and nano ZnO to the earthworm Eisenia fetida [J]. Nanotoxicology, 8 (5): 559-572.

Hofman J, Bezchlebová J, Dušek L, et al. 2003. Novel approach to monitoring of the soil biological quality [J]. Environment international, 28 (8): 771-778.

Hosseini M, Movahedi-Neeni S A, Zeraat Pishe M. 2014. Effect of Porosity, Volumetric Water content and Soil Temperature on the Water Uptake and Dry Matter Yield of Plant in Different Tillage Systems [J]. JWSS-Isfahan University of Technology, 18 (68): 133-146.

Inbar A, Lado M, Sternberg M, Tenau, et al. 2014. Forest fire effects on soil chemical and physicochemical properties, infiltration, runoff, and erosion in a semiarid Mediterranean region [J]. Geoderma, 221: 131-138.

Insam H, Hutchinson T C, Reber H H. 1996. Effects of heavy metal stress on the metabolic quotient of the soil microflora [J]. Soil Biology and Biochemistry, 28 (4): 691-694.

Insam H, Mitchell C C, Dormaar J F. 1991. Relationship of soil microbial biomass and activity with fertilization practice and crop yield of three ultisols [J]. Soil Biology and Biochemistry, 23 (5): 459-464.

Islam K R, Weil R R. 2000. Land use effects on soil quality in a tropical forest ecosystem of Bangladesh [J]. Agriculture, Ecosystems & Environment, 79 (1): 9-16.

Jackson D I, Lombard P B. 1993. Environmental and management practices affecting grape composition and wine quality-a review. American Journal of Enology and Viticulture, 44 (4): 409-430.

Jaksik O, Kodesova R, Kubis A, et al. 2015. Soil aggregate stability within morphologically diverse areas [J]. CATENA, 127: 287-299.

James Kennedy. 2002.Understanding grape berry development [J]. Practical Winery & Vineyard Magazine, 21: 100-107.

Jeanneau L, Denis M, Pierson-Wickmann A C, et al. 2015. Sources and transfer mechanisms of dissolved organic matter during storm and inter-storm conditions in a lowland headwater catchment: constraints from high-frequency molecular data [J]. Biogeosciences Discussions, 12 (4): 3349-3379.

Jenkinson D S, Powlson D S. 1976. The effects of biocidal treatments on metabolism in soil-V: a method for measuring soil biomass [J]. Soil biology and biochemistry, 8 (3): 209-213.

Kennedy S H, Emsley R. 2006. Placebo-controlled trial of agomelatine in the treatment of major depressive disorder [J]. European Neuropsychopharmacology, 16 (2): 93-100.

Kirchmann H. 1985. Losses, plant uptake and utilisation of manure nitrogen during a production cycle cattle manure, poultry manure, NH_3 volatilisation, denitrification, nonsymbiotic N_2 fixation [M]. Acta Agriculturae Scandinavica. Supplementum (Sweden).

Kloss S, Zehetner F, Buecker J, et al. 2014. Trace element biogeochemistry in the soil-water-plant system of a temperate agricultural soil amended with different biochars [J]. Environmental Science and Pollution Research: 1-14.

Kutílek M, Jendele L, Panayiotopoulos, K. P. 2006. The influence of uniaxial compression upon pore size distribution in bi-modal soils [J]. Soil and Tillage Research, 86 (1): 27-37.

Lal R. 1997. Long-term tillage and maize monoculture effects on a tropical Alfisol in western Nigeria. II. Soil chemical properties [J]. Soil and Tillage Research, 42 (3): 161-174.

Lark R M, Rawlins B G, Robinson D A, et al. 2014. Implications of short-range spatial variation of soil bulk density for adequate field-sampling protocols: methodology and results from two contrasting soils [J]. European Journal of Soil Science, 65 (6): 803-814.

Larson W E, Pierce F J. 1994. The dynamics of soil quality as a measure of sustainable management. Defining soil quality for a sustainable environment, (definingsoilqua): 37-51.

Lebon E, Pellegrino A, Louarn G, et al. 2006. Branch development controls leaf area dynamics in grapevine (Vitis vinifera) growing in drying soil [J]. Annals of Botany, 98 (1): 175-185.

Logsdon S D., Karlen D L. 2004. Bulk density as a soil quality indicator during conversion to no-tillage. Soil and Tillage Research, 78 (2): 143-149.

Ma B L, Wu T Y, Shang J. 2014. On-farm comparison of variable rates of nitrogen with uniform application to maize on canopy reflectance, soil nitrate, and grain yield [J]. Journal of plant nutrition and soil science, 177 (2): 216-226.

Maltais-Lanndry G, Scow K, Brennan E. 2014. Cover crops have a stronger effect on soil phosphorus cycling via plant uptake than soil mobilization in California agricultural plots [J]. Soil Biology and Biochemistry, 78: 255-262.

Masto R E, Chhonkar P K, Singh D, et al. 2008. Alternative soil quality indices for evaluating the effect of intensive cropping, fertilisation and manuring for 31 years in the semi-arid soils of India [J]. Environmental monitoring and assessment, 136 (1-3): 419-435.

Mau A E, Utami S R. 2014. Effects of biochar amendment and arbuscular mycorrhizal fungi inoculation on availability of soil phosphorus and growth of maize. Journal of Degraded and Mining Lands Management, 1 (2): 69-74.

Ming L I U, Li Z P, Zhang T L, et al. 2011. Discrepancy in response of rice yield and soil fertility to long-term chemical fertilization and organic amendments in paddy soils cultivated from infertile upland in subtropical China [J]. Agricultural Sciences in China, 10 (2): 259-266.

Mishra V K, Nayak A K, Singh C S, et al. 2014. Changes in Soil Aggregate-Associated Organic Carbon and Nitrogen after Ten Years under Different Land-Use and Soil-Management Systems in Indo-Gangetic Sodic Soil [J]. Communications in Soil Science and Plant Analysis, 45 (10): 1293-1304.

Nasto M K, Alvarez-Clare S, Lekberg Y, et al. 2014. Interactions among nitrogen fixation and soil phosphorus acquisition strategies in lowland tropical rain forests [J]. Ecology letters, 17 (10): 1282-1289.

Németh E, Horváth I, Bidló A, et al. 2014. Evaluating soil, grape and wine composition in the Sopron Wine Region, Hungary [J]. Agrokémia és Talajtan, 63 (1): 165-174.

Pardo T, Martínez-Fernández D, Clemente R, et al. P. 2014. The use of olive-mill waste compost to promote the plant vegetation cover in a trace-element-contaminated soil [J]. Environmental Science and Pollution Research, 21 (2): 1029-1038.

Parkinson D, Coleman D C. 1991. Microbial communities, activity and biomass [J]. Agriculture, Ecosystems & Environment, 34 (1): 3-33.

Pires L F, Prandel L V, Saab S C. 2014. The effect of wetting and drying cycles on soil chemical composition and their impact on bulk density evaluation: An analysis by using XCOM data and gamma-ray computed tomography. Geoderma, 213: 512-520.

Powlson D S, Prookes P C, Christensen B T. 1987. Measurement of soil microbial biomass provides an early indication of changes in total soil organic matter due to straw incorporation [J]. Soil biology and biochemistry, 19 (2): 159-164.

Raiesi F. 2006. Carbon and N mineralization as affected by soil cultivation and crop residue in a calcareous wetland ecosystem in Central Iran [J]. Agriculture, ecosystems & environment, 112 (1): 13-20.

Reynolds R W, Rayner N A, Smith T M, et al. 2002. An improved in situ and satellite SST analysis for climate [J]. Journal of climate, 15 (13): 1609-1625.

Ruth de Andrés-de Prado R, Yuste-Rojas M, Sort X, et al. 2007 Effect of soil type on wines produced from Vitis vinifera L. cv. Grenache in commercial vineyards [J]. Journal of agricultural and food chemistry, 55 (3): 779-786.

Schoenholtz S H, Van Miegroet H, Burger J A. 2000. A review of chemical and physical properties as indicators of forest soil quality: challenges and opportunities [J]. Forest ecology and management, 138 (1): 335-356.

Serra-Wittling C, Houot S, Barriuso E. 1995. Soil enzymatic response to addition of municipal solid-waste compost [J]. Biology and Fertility of Soils, 20 (4): 226-236.

S Guidoni, J Hunter. 2012. Anthocyanin profile in berry skins and fermenting must/wine, as affected by grape ripeness level of Vitis vinifera cv. Shiraz/R99 [J]. Eur Food Res Technol, 235: 397-408.

Sharma U, Paliyal S S. 2015. Forms of Soil Potassium as Influenced by Long Term Application of Chemical Fertilizers and Organics in Rainfed Maize-Wheat Cropping System [J]. Journal of Krishi Vigyan, 3 (2): 48-53.

Shiller R J, Campbell J Y, Schoenholtz K L, et al. 1983. Forward rates and future policy: Interpreting the term structure of interest rates [J]. Brookings Papers on Economic Activity：173-223.

Smart D R, Cosby Hess S, Plant R, et al. 2014. Geospatial variation of grapevine water status, soil water availability, grape composition and sensory characteristics in a spatially heterogeneous premium wine grape vineyard [J]. SOIL Discussions, 1 (1): 1013-1072.

Smith D B, Johnson K S. 1988. Single-step purification of polypeptides expressed in Escherichia coli as fusions with glutathione S-transferase [J]. Gene, 67 (1): 31-40.

Sparling G P, Pankhurst C, Doube B M, et al. 1997. Soil microbial biomass, activity and nutrient cycling as indicators of soil health [J]. Biological indicators of soil health：97-119.

Staddon P L, Fitter A H. 1998. Does elevated atmospheric carbon dioxide affect arbuscular mycorrhizas? [J]. Trends in ecology & evolution, 13 (11): 455-458.

Takayanagi T, Yokotsuka K. 1999. Angiotensin I converting enzyme-inhibitory peptides from wine [J]. American journal of enology and viticulture, 50 (1): 65-68.

Thébault A, Clément J C, Ibanez S, Roy J, et al. 2014. Nitrogen limitation and microbial diversity at the treeline [J]. Oikos, 123 (6): 729-740.

Turner B L, Wright S J. 2014. The response of microbial biomass and hydrolytic enzymes to a decade of nitrogen, phosphorus, and potassium addition in a lowland tropical rain forest [J]. Biogeochemistry, 117 (1): 115-130.

Van Leeuwen C. 2010. Terroir: The effect of the physical environment on the vine growth, grape ripening and wine sensory attributes [J]. Managing wine quality, 1：273-315.

Vance E D, Brookes P C, Jenkinson D S. 1987. An extraction method for measuring soil microbial biomass C [J]. Soil biology and Biochemistry, 19 (6): 703-707.

Waalewijn-Kool P L, Rupp S, Lofts S, et al. 2014. Effect of soil organic matter content and pH on the toxicity of ZnO nanoparticles to Folsomia candida [J]. Ecotoxicology and environmental safety, 108：9-15.

Xu S W, Liu S Q, Yang Z X, et al. 2009. Evaluation of Grape Quality and Relationship Between Grape Quality and Soil Texture [J]. Soisl, 41 (5): 790-795.

Yang J C, Insam H. 1991. Microbial biomass and relative contributions of bacteria and fungi in soil beneath tropical rain forest, Hainan Island, China [J]. Journal of Tropical Ecology, 7 (3): 385-393.

Yang J, Gao W, Ren S. 2015. Long-term effects of combined application of chemical nitrogen with organic materials on crop yields, soil organic carbon and total nitrogen in fluvo-aquic soil [J]. Soil and Tillage Research, 151：67-74.

Yu H, Yang P, Lin H, et al. 2014. Effects of sodic soil reclamation using flue gas desulphurization gypsum on soil pore characteristics, bulk density, and saturated hydraulic conductivity [J]. Soil Science Society of America Journal, 78 (4): 1201-1213.

Zhao S, He P, Qiu S, et al. 2014. Long-term effects of potassium fertilization and straw return on soil potassium levels and crop yields in north-central China [J]. Field Crops Research, 169：116-122.

Zucco G, Brocca L, Moramarco T, et al. 2014. Influence of land use on soil moisture spatial–temporal variability and monitoring [J]. Journal of Hydrology, 516：193-194.